Hogyn
Bryn Moel

*I holl deulu estynedig
Goronwy Owen,
ddoe a heddiw*

Hogyn Bryn Moel

Atgofion y Canon Goronwy Owen
1901-1994 am ei ddyddiau cynnar fel
gwas ffarm ym Mhenllyn, Meirionnydd

Golygydd: Alwyn Evans

Argraffiad cyntaf: 2024
© Hawlfraint Alwyn Evans a'r Lolfa Cyf., 2024

Mae hawlfraint ar gynnwys y llyfr hwn ac mae'n anghyfreithlon llungopïo neu atgynhyrchu unrhyw ran ohono trwy unrhyw ddull ac at unrhyw bwrpas (ar wahân i adolygu) heb gytundeb ysgrifenedig y cyhoeddwyr ymlaen llaw

Cynllun y clawr: Y Lolfa
Lluniau'r clawr blaen: Alwyn Evans

Rhif Llyfr Rhyngwladol: 978 1 80099 588 8

Cyhoeddwyd, rhwymwyd ac argraffwyd yng Nghymru gan
Y Lolfa Cyf., Talybont, Ceredigion SY24 5HE
gwefan www.ylolfa.com
e-bost ylolfa@ylolfa.com
ffôn 01970 832 304

Cynnwys

Rhagair — 7

Plentyndod — 14

Y Cŵn a'r defaid — 32

Trin y Tir — 46

Dyrnu — 84

Y Ffeiriau — 89

Y Saer Gwlad — 94

Ichabod — 100

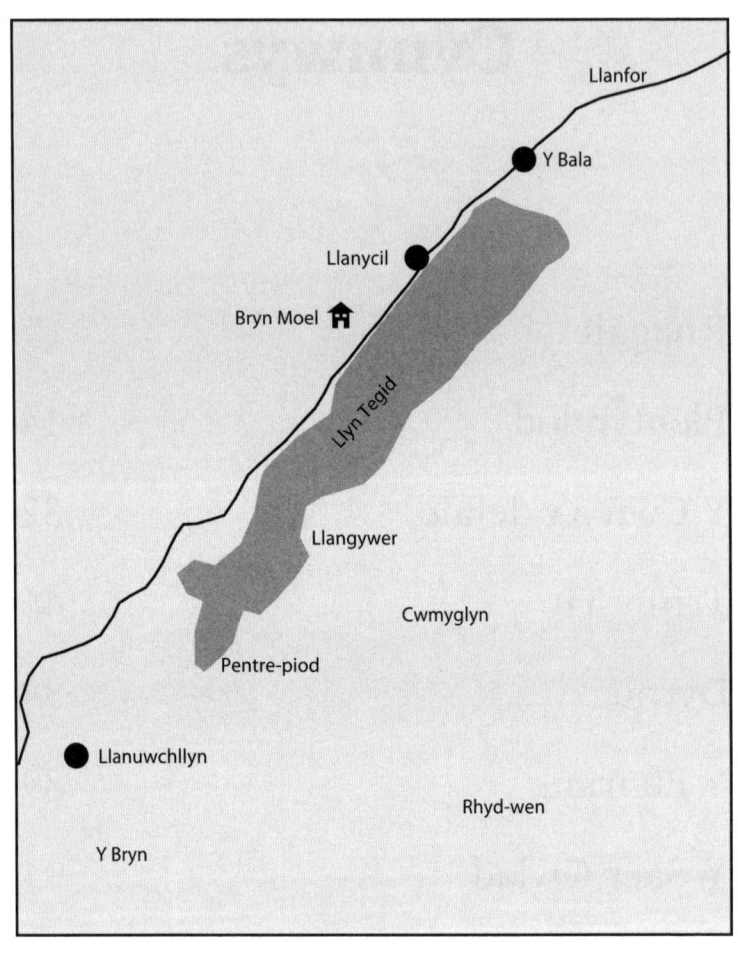

Rhagair

GANED EDWARD GORONWY Owen yn fab ieuengaf o bedwar plentyn i George Monks Owen a Jane (Thomas) Owen. Roedd ei dad yn saer olwynion wrth ei alwedigaeth, a'i fam yn ferch ffarm o Bantgwyn, ar y Garneddwen, ger Llanuwchllyn. Buont yn byw yn y Graienyn, tyddyn ger Llyn Tegid, ac yna yn ffermio Ty'n-y-Celyn, Llanfor a oedd yn eiddo R. J. Lloyd Price, tirfeddiannwr stad Rhiwlas. Trowyd George Owen allan o'i denantiaeth yn 1897, efallai oherwydd ei wleidyddiaeth Ryddfrydol, neu oherwydd polisi R. J. Lloyd Price o wrthod i'w denantiaid saethu cwningod ar dir ei ystâd. Ond cafodd denantiaeth fferm arall, sef Cwm Isa, Cynwyd, oedd ym mherchnogaeth Syr Henry Robertson, stad y Pale (ardal Rhydyglafes, i'r dwyrain o'r Bala), a oedd yn Rhyddfrydwr. Yma y ganed Goronwy Owen ar 7 Ionawr 1901.

Tua 1910 symudodd y teulu i Fryn Moel,

Llanycil, oedd ym mherchnogaeth y Cadfridog Robert Owen Jones, Bryn Tegid. Yno y bu George Monks Owen, a fu'n dioddef o'r dwymyn cryd cymalau, farw yn 1918. Parhaodd Jane a'i fab hynaf Robert (Robin), i ffermio yno hyd 1924, pan symudasant i Lwyn y Brain, Bryn Saith Marchog a brynwyd bryd hynny gan Robin.

Bu Goronwy yn was ffarm ym Mryn Moel cyn mynd, wedi cyfnod fel *pupil teacher*, i Goleg y Brifysgol Aberystwyth, ac yna i Goleg yr Iesu, Rhydychen i hyfforddi ar gyfer yr Eglwys. Fe'i cynhaliwyd yn ariannol drwy gydol y cyfnod hwn gan ei frawd hŷn, Robin. Er iddo dderbyn tri chynnig bywoliaeth gan Goleg yr Iesu, roedd yn well ganddo ddychwelyd i Gymru, a bu'n gurad ym Mae Colwyn a'r Hen Golwyn, cyn mynd yn ficer i'r Cwm, ger Dyserth. Yna, bu am 14 blynedd yn ficer Glyn Ceiriog (1940-54) cyn symud yn rheithor i Gorwen, lle yr etholwyd ef hefyd yn aelod Cyngor Sir Feirionnydd dros Gorwen. Ar ôl cyfnod fel canon yn Llandudno, ymddeolodd i Landrillo-yn-Rhos, lle y lluniodd yr ysgrif sy'n dilyn, am ei fagwraeth a'i fywyd cynnar fel gwas ffarm.

Roedd yn arbenigwr ac yn feirniad ar dreialon cŵn defaid, ac fe'i cydnabyddid hefyd fel meistr ar drin clefydau ieir a cheiliogod. Gyrrai pobl ardal Glyn Ceiriog eu hieir ato am driniaeth, a bu hyd yn oed yn cyflawni llawdriniaethau, er enghraifft, pe byddai ceiliog â rhywbeth yn sownd yn ei gorn. Ac yntau dros ei naw deg, a minnau newydd dderbyn copi pur aneglur, teipiedig, o'r ysgrif hon ganddo, fe'i holais pam nad oedd wedi defnyddio enwau go iawn y ffermydd a'r cymeriadau, ond yn hytrach, rhoi enwau ffug iddynt. Er enghraifft, defnyddiodd enw ei dad, George, ar gyfer ei 'bersona' ei hunan, a defnyddiodd nifer o enwau gwneud ar gyfer y ffermydd yn ei ysgrif.

Rhwbiodd ochr ei drwyn yn arwyddocaol a dweud, "Mae gen i elynion, wyddost ti." Atebais, "Dewyrth Goronwy, mae eich gelynion chi wedi marw ers chwarter canrif!" (Cyfeiriai, mae'n debyg, at gyd-aelodau o Gyngor Sir Meirionnydd yn benodol.) Ond doedd dim yn tycio; ni chefais unrhyw oleuni, ar enwau'r bobl na ffermydd, hyd nes yr ymgysylltais, bron 30 mlynedd wedi ei farwolaeth yn 1994, gyda'm caifn (trydydd cefnder) William Dolben, sy'n byw ym Madrid. Roedd William, sy'n or-nai i Goronwy, yn berchen ar gopi llawysgrif a gafodd yntau gan Goronwy. Roedd hwn efallai yn gopi ychydig yn gynharach a llai cyflawn, o'i gymharu gyda'm copi teipiedig, ond pur aneglur, innau, a gynhyrchwyd gan rywun yn defnyddio rhuban teipiadur na welodd inc ers blynyddoedd!

Fferm Bryn Moel, Llanycil, yn 1912. O'r chwith i'r dde: Jane (Thomas) Owen [mam Goronwy], Elin Grace Owen [chwaer Goronwy], Robert (Robin) Owen [brawd Goronwy], Goronwy Owen, cyfaill dienw.
Llun drwy ganiatâd Gwyn Dolben.

Teulu Bryn Moel tua 1917. Cefn: Goronwy Owen ['George' y llyfr], Jane (Thomas) Owen ['fy mam']. Blaen: Robert (Robin) Owen, Ellen Grace Owen, George Monks Owen ['fy nhad']. Mae'n debyg mai ar Robin y seiliwyd cymeriad Elis y gwas. Nid yw Ellen yn ymddangos yn y llyfr – roedd hi eisoes wedi mynd i nyrsio pan ddaeth Goronwy yn was ffarm. Bu farw'r brawd hynaf, John, yn 17 oed.
Llun drwy ganiatâd Alan Dolben.

Goronwy Owen, Aberystwyth, tua 1924.
Llun drwy ganiatâd Alan Dolben.

Teulu Pantgwyn yn 1901. Y fferm hon yw 'Yr Hafod, fferm f'ewyrth Twm' y llyfr. Cefn (o'r chwith i'r dde): Elin Thomas [merch iau Susannah], Lisa Williams [morwyn]. Canol: Robert Jones [ail ŵr Susannah], Elizabeth Jones [mam Robert], Susannah Jones [Thomas, gynt – mam Jane, Edward, Elin a William, a nain Goronwy.] Blaen: Edward Thomas [Hywel Dda, Rhydymain wedyn], William Thomas ['f'ewyrth Twm']. Erbyn i'r llun hwn gael ei dynnu roedd Jane Thomas, mam Goronwy, wedi gadael cartref, priodi a magu teulu ers dros ddegawd.

Fferm Bryn Moel, Llanycil, Chwefror 2024

Bu'r llawysgrif yn anhepgor wrth geisio dehongli fy nghopi fy hun, gyda'i holl fylchau a geiriau annarllenadwy. Drwy ddehongli ambell un o'r nodiadau ar y fersiwn llawysgrif, gellid hefyd ddeall o'r diwedd mai fferm Pantgwyn, Llanuwchllyn, fferm fynyddig deuluol Jane Owen, sef mam Goronwy, oedd 'yr Hafod, fferm f'ewyrth Twm,' ac mai fy hen ewythr, a brawd ei fam Jane, sef William Thomas, oedd 'f'ewyrth Twm' ei hun. Yn yr un modd, darganfuwyd mai fferm Rhydyglafes, Cynwyd Fechan, rhwng Llandrillo a Chynwyd oedd y fferm fawr llawr-dyffryn a ailfedyddiodd Goronwy yn 'Plas' neu 'Plas-y-Nant'.

Bryn Moel, Llanycil, wrth gwrs, oedd fferm George Monks Owen, sef tad Goronwy ac at y fferm honno mae'r mwyafrif o'r cyfeiriadau. Mae nifer o ffermydd eraill sydd eto heb eu hadnabod, a chyda threigl amser mae'r siawns o'u dehongli yn mynd yn llai. Sylwer hefyd, na newidiais dafodiaith ardal Penllyn, Sir Feirionnydd, er mwyn cadw 'llais' y Goronwy. Lle bo angen, esbonnir ambell derm neu air tafodieithol neu derm amaethyddol yn y troednodiadau.

Alwyn Evans, Mehefin 2024

Cydnabyddaf gyda diolch gyfraniad gwerthfawr Cledwyn Fychan wrth fwrw golwg dros yr ysgrif, a hefyd gyfraniadau anhepgor fy mherthnasau i, a disgynyddion teulu Bryn Moel, sef Alan a William Dolben, wrth olygu, gwella a chywiro mân gamgymeriadau. Diolchaf hefyd i Siân Esmor a gwasg Y Lolfa am eu gofal wrth olygu a gosod y llyfr hwn.

Plentyndod

CEISIAIS DDYFALU LAWER tro pam y'm cofrestrwyd dan yr enw George. Hyd y gwn i, ni alwyd neb o deulu fy nhad na fy mam dan yr enw hwn. Yr unig esboniad sydd gennyf ydyw fod fy nhad wedi dod i wybod mai enw Groeg ydyw George ac mai ei ystyr ydyw 'amaethwr', a bod fy nhad yn golygu nad oeddwn i feddwl am unrhyw alwedigaeth arall ond ei ddilyn ef fel llafurwr y tir. Efallai y cafodd yr wybodaeth hon o ryw esboniad ysgrythurol – roedd yn hoff o'u darllen a'u hastudio'n fanwl – neu fod rhyw fyfyriwr ifanc, fel y deuai amryw yn eu tro i lenwi pulpud y capel, wedi rhoi eglurhad ar yr enw i blesio'r amaethwyr.

Yr oedd bore fy ngeni, yr ail o Ionawr 1897, yn fore eithriadol o oer a rhewllyd, medden nhw, ac fe gafodd fy nhad gryn drafferth i fynd i'r pentref i anfon neges i Dr Smith. Ond yr oedd Catrin Ellis y fydwraig yn barod er y dydd o'r blaen. Cludai ei dillad a'i phethau mewn basged wellt ddeuddarn, un i'w wthio i'r llall a strapiau lledr amdanynt. Yn aml byddai'n gorfod defnyddio un darn fel crud, ond roedd fy nain wedi rhoddi ei hen grud pren i fod yn barod i'm derbyn ac yn hwnnw y dechreuais wneud, yn raddol iawn, ryw synnwyr gwrthrychol o'r *continuum* o'm cwmpas.

Yn ôl f'ewyrth Twm roedd Catrin Ellis yn adnabyddus iawn drwy'r ardal, fel un a roddodd wasanaeth mawr. Ychydig o addysg oedd ganddi, ond yr oedd ganddi un priodoledd hanfodol, sef glanweithdra. Byddai ei dwylo bob amser yn lân a'i ffedog yn wyn fel carlwm. Byddai ei phresenoldeb yn peri teimlad o ymddiriedaeth yn enwedig pan fyddai pellter rhwng y cartref a thŷ'r meddyg. Yr oedd yn glod iddi pan ddigwyddid â cholli plentyn ar enedigaeth y byddai'r meddyg yn tystio mai nid ar Catrin Ellis oedd y bai. O Gernyw y daeth ei rhieni a buont feirw â hi yn ifanc. Dechreuodd wasanaethu yng nghartref Dr Smith ac efe a'i cymhwysodd i ymgymeryd â'r gwaith o fydwraig i'r ardal. Ymhyfrydai na chollodd wrth eu dwyn i'r byd ond ychydig iawn o blant. Yr oedd yn fawr ei pharch. Bu fyw yn hen.

Nid oes gennyf fawr o gof am ddim yn fy maes cyn cyrraedd pum mlwydd oed pan euthum i'r ysgol ddyddiol am y tro cyntaf. Fy nhad aeth â fi at y prynhawn. Ymddengys na ddangosais fawr o athrylith mewn unrhyw bwnc, ond llwyddais i basio rhyw arholiad bach a elwid yn 'labour examination' a alluogodd fy nhad i'm cael allan o'r ysgol pan yn dair ar ddeg oed. Yr oedd fy nhad ar y pryd yn wael ei iechyd, ac yn cael trafferth mawr i gael y llaw uchaf ar y gwaith ar y fferm.

Curriculum cul a di-ddychymyg oedd i addysg yr ysgol ddyddiol y dyddiau hynny. Y testunau oedd Rhifyddeg, Daearyddiaeth, Hanes ac Ysgrifennu. Caem ambell wers mewn cerddoriaeth – digon i mi fedru syniad go dda i ddarllen sol-ffa – a byddem yn dysgu canu caneuon gwerin, yn enwedig pan fyddai Dydd Gŵyl Dewi'n agosáu.

Cerddwn dros ddwy filltir i'r ysgol bob dydd. Cludwn fy mwyd ganol dydd mewn bag â strap dros un ysgwydd. Ychydig o fara a menyn a photel o laeth. Pan ddeuai tomatos i'r siop rhoddid i mi ddimai i brynu un, a byddai maint y tomato yn dibynnu ar y pris ar y pryd. Nid oedd sôn am ginio ysgol, ond un gaeaf cofiaf i ryw foneddiges o'r ardal drefnu i roddi *soup* i'r plant ar awr ganol dydd. Cefais innau gyfranogi y diwrnod cyntaf ond yr ail ddiwrnod dywedwyd wrthyf nad oedd dim i mi oherwydd fy mod yn cael fy magu ar fferm.

Gofynnid i mi yn aml i ddyfod â rhywbeth o'r siop adref yn fy mag. Un tro gofynnodd fy mam ddod â *black lead* ond yn lle hynny *blacking* a brynais. Yr oedd yn ddealledig fy mod i ddod a'r *Genedl Gymreig* i fy nhad yn rheolaidd bob wythnos. Fwy nag unwaith bu i mi anghofio am y papur a'r gosb oedd gorfod cerdded yn ôl bob cam i'w nôl.

Er na chofiaf am y darluniau a ddangoswyd, fe gofiaf yn dda am y tro cyntaf y gwelais y *Magic Lantern*. Yn ystafell ganol yr ysgol oedd y darluniau. Gwahoddwyd y cyhoedd yno ac yr oedd y lle'n orlawn. Ni fuaswn wedi gweled dim ond i mi gael fy nghodi ar lintar y ffenestr. Tybiwn fy mod yn edrych ar un o'r saith rhyfeddod a chafodd y perfformiad argraff ddofn iawn arnaf. Yr oedd yn fwy o ryfeddod i mi oherwydd fy mod yn rhy bell i weld yn iawn pa sut yr oedd y peiriant yn gweithio, ac mae'r peth yn rhyfeddod i mi hyd heddiw am nad oedd trydan yn yr ysgol.

Pan ddeallodd fy nghyfeillion fy mod yn gadael yr ysgol a mynd i weithio gartref yr oeddynt yn eiddigeddus iawn a'r unig beth y gallwn ei wneud i geisio eu diddanu oedd prynu paced bach o fferins o siop William Jones a'u rhannu rhyngddynt y dydd y cefnais ar yr ysgol. Dimai y dydd a roddodd fy mam i mi yn fy llaw bob bore, a bu raid i mi gynilo a pheidio gwario am rai dyddiau er mwyn prynu'r paced fferins.

Yr wyf dan yr argraff y byddai'r gaeafau yn galetach pan oeddwn yn ifanc nag yr ydynt heddiw, mwy o eira a rhew. Caem lawer o fwyniant ac ambell i godwm wrth sglefrio ar hyd y strydoedd. Byddai gan Wmffre Pugh drol fechan a dau ful i gludo glo i'r tai o'r orsaf ac er fy mod yn sglefrio fel y bechgyn eraill ac yn gwneud y strydoedd yn llithrig iawn yr oedd beth teimlad tuag at y mulod druan, ar eu gliniau wrth geisio ymlwybro ymlaen. Ond yr oedd gweld yr hen Wmffre â'i chwip yn ei law yn bwgwth pa beth a wnâi i ni pe gallai gael gafael ynom...

Ar adeg neilltuol o'r flwyddyn deuai Dic y Penweg â basgedaid o benogod ar ei ben gan weiddi, "Penweg ffres Pwllheli". Un tro ar allt yr ysgol fe ddigwyddodd rhywbeth a achosodd i'r fasged, oedd yn fwy na hanner llawn o bysgod, syrthio oddi ar ei ben a'r penogod yn llithro o gwmpas i bob cyfeiriad er mawr fwynhad i ni'r plant. Er hynny, ni effeithiodd ddim ar ysbryd Dic ac yr oedd wrth ei waith yr wythnos ddilynol. Yr oedd ef yn credu mai un o'r hogiau direidus oedd wedi taflu rhywbeth at y fasged ac efallai mai dyna oedd y gwir ond fe gredem ni mai'r tebygolrwydd oedd fod Dic wedi treulio ychydig ormod o amser yn y Cross Keys.

Yn ystod yr haf byddem yn chwarae marblis.

Corcyn gwydr potel *ginger beer* oedd gennym fel to[1] i guro allan y marblis o'r cylch er bod gennym do o ddefnydd arall, un mwy i'w ddefnyddio ar amgylchiadau neilltuol. Ond pwy heddiw sy'n cofio beth a olygem wrth weiddi "Bar things" a "some place"?

Yr oedd chwarae top yn boblogaidd iawn ar adegau, a chofiaf un tro i mi gael top a elwid yn *jumper*. Yr oedd ar lun *mushroom* a choes hir iddo a gellid ei chwipio, er nad oedd ei gychwyn mor hawdd â'r topiau arferol, i neidio llathenni a dal i droi. Un tro, er fy chwithdod, aeth y *jumper* i wrthdarawiad â ffenestr siop Mary Jones ond drwy ryw lwc anarferol ni thorrodd y gwydr, a chyn i'r hen wraig ddod i'r drws, yr oeddwn wedi dianc am fy mywyd a'r topyn yn fy llaw, o'r golwg.

Caem lawer o fwyniant hefo stryt fache[2] ac er bod rhai, â rhai da, wedi eu gwneud yng ngweithdy'r saer, rhai wedi eu torri o'r gwrych oedd fy eiddo i. Y gŵyn amdanynt oedd ein bod yn gweled gormod i mewn i dai pobl a bu rhaid cael rheol nad oedd neb i gael stryt fache i'n codi fwy na dwy droedfedd o'r llawr.

Byddai'r bechgyn yn chwarae hefo

---

[1] To – Marblen fwy, a ddefnyddir i daro'r gweddill o'r cylch. *Toe* neu *Taw* yn Saesneg
[2] Stryt fache – Stryd-fachau neu stiltiau

bowlyn, sef cylch haearn ysgafn, a chofiaf yn dda fy malchder o gael caniatâd gan fy nhad i ofyn i'r gof wneud un imi. Yr oedd gennyf fach gweddol hir i yrru ac i reoli'r bowlyn a rhedwn gydag ef yn ôl a blaen i'r ysgol bob dydd ond ar ddiwrnod glawog ac yn ystod y gaeaf.

Ddiwedd blwyddyn, byddem yn hel concars; yr oedd rhai da yn nôl y Plas. Byddai rhai yn crasu ychydig arnynt ond nid edrychid ar hynny fel peth hollol deg. Byddai cael concar 20 yn dipyn o gampwriaeth.

Parhâi rhai bechgyn, yn yr Hydref, i smocio dail wedi sychu, yn ddirgel, ond pan geisiais i wneud hynny, gwrthwynebodd fy ystumog, ac ni fu smocio dail byth wedyn yn demtasiwn i mi.

Cymerwn ddiddordeb mawr mewn pysgota dwylo yn y nant. Rhai bychain iawn oedd y rhan fwyaf o'r pysgod a gollyngid hwy yn ôl i'r nant yn aml. Yn arogl yr hesg a chegid y dŵr, gorweddwn ar fy mol ar y dorlan, wedi torchi fy llewys at fôn fy mreichiau – gwthio un fraich yn ddigynnwrf o dan y dorlan a theimlo'r creaduriaid bach slip a'u goglais yn orofalus, a chau fy llaw yn ofalus a graddol am y pysgodyn. Os byddwn yn rhy wyllt a sydyn, fe lithrai'r pysgodyn o fy llaw gan ddianc o dan garreg neu dorlan arall. Fwy nag unwaith fe'm dychrynwyd gan lygoden ddŵr oedd â'i nyth mewn galeri o dan y dorlan, ond ni tharfodd hyn ddim ar fy awydd i oglais y pysgod bach, a byddai fy nghalon yn curo'n gyflymach pan ddeallwn fod pysgod mwy na'r cyffredin wedi dyfod i'r llyn ac yn llochesu o dan y dorlan. Gellid eu gweld ambell dro pan fyddai'r dŵr yn glir, yn disgwyl am fwyd ym mhen isaf y llyn, wrth fynd yn ofalus a syllu heb fynd yn rhy agos at yr ymyl.

Yn yr Ysgol Sul y dysgais yr ABC. Yr athro oedd William Jones y siop, a'i ddull o'n cosbi pan oedd angen oedd rhoi ei ddwy law o dan ein ceseiliau a'n codi ychydig a'n gostwng yn sydyn ar y fainc galed, a'i ddull o wobrwyo oedd rhoddi hanner mint gron wrth fynd allan i un neu ddau fyddai wedi ei blesio.

Ymrois ati â'm holl egni i waith y fferm. Helpu efo'r gwartheg fel cwmon (*cowman*) y bûm am beth amser. Yr oeddwn wedi dysgu godro ers tro, gwaith cas gennyf. Eistedd ar stôl drithroed, chwysais lawer wrth geisio cadw fy nghytbwysedd a'm talcen yn gorffwys ar dynewyn y fuwch. Roedd yn rhaid gofalu fod y tethau'n lân cyn dechrau godro a phan fyddai'r tethau'n wydn byddai hynny'n ychwanegu'n fawr at fy nhrwbwl. Cefais gic fwy nag unwaith a'r llaeth o'r stên yn cymysgu gyda'r tail. Ambell dro byddai'n ofynnol rhoi strap ar goesau ôl y fuwch, ond fe ofalai hi er hynny i wneud pethau'n anhwylus drwy chwipio ei chynffon yn sydyn a'r blew yn mynd i fy llygaid. Pan oeddwn yn dechrau dysgu godro byddai'r fuwch yn tueddu i arbed ei llaeth, gan nad oeddwn yn godro'n ddigon cyflym. "Rhaid i ti odro fel bo'r ffroth ar wyneb y llaeth," meddai fy nhad wrthyf lawer gwaith.

Elid â'r llaeth i'r tŷ mewn bwcedi glân – bwcedi godro, a gwae pwy bynnag a'u defnyddiai i unrhyw bwrpas arall. Tywalltid y llaeth drwy ogor i botiau pridd â chaead pren iddynt ac yno y byddent hyd ddiwrnod corddi. Y bore hwnnw tynnid y fuddai o'r gornel a thywelltid y llaeth o'r potiau yn ofalus wedi sicrhau fod corcyn pren yn ei le. Sicrhawyd y caead drwy gyfrwng clampiau cryfion a gellid eu tynhau fel y byddai'r cylch rwber yn hollol awyrdyn. Rhoi tro neu ddau i'r fuddai a thynhau'r caead yn dynnach os byddai unrhyw arwydd fod llaeth yn dangos ar yr ymylon. Troi wedyn ychydig ac yna gollwng yr aer drwy'r falf yn y caead. Wedi gosod y dyrnau troi bob ochr i'r fuddai, dechreuid ar y gorchwyl o gorddi am yn agos i awr o amser. Wedi bod wrthi am beth amser, rhoddwyd y gwresfesurydd drwy dwll y corcyn ac os byddai'r llaeth yn rhy isel ei wres tywelltid ychydig o ddŵr cynnes o'r tegell. Byddai fy mam yn erbyn hyn, oherwydd y perygl o gael ymenyn meddal. Mynnai hi mai y corddwr oedd i godi gwres y llaeth, drwy weithio ychydig yn galetach.

Dyletswydd dynion oedd y corddi, ond ni byddai fy mam yn brin o gymryd ei thro i droi'r fuddai. O'r diwedd wrth edrych drwy'r gwydr crwn ar gaead y fuddai, gwelid fod yr ymenyn yn dechrau ffurfio ar y gwydr – yn fân ar y dechrau ac wrth droi am ychydig, cynyddai maint y talpiau. I ffwrdd wedyn â'r caead a dyna'r corddi ar ben. Yr oedd y llaeth wedi ceulo ac nid oedd angen dim ond cloncio'r fuddai am ychydig i ddwyn y menyn yn dalp at ei gilydd. Gogrid y llaeth enwyn i botiau pridd, a rhoddid y menyn yn y noe[3] bren, lle y gwesgid y llaeth ohono a'i ddosbarthu'n bwysi crynion neu hirgrwn, a'u marcio â phrinten bren a'u dodi i galedu ar fwrdd carreg yn y bwtri.

Bu chwyldroad yn y corddi pan brynodd fy nhad y *cream separator*. Rhoddid y *skim* i'r moch a'r lloi a dywedai ei fod yn well ar eu lles na llaeth drwyddo, oblegid y lleihad yn y braster, ac ni chorddid ond yr hufen, a wnaeth y gorchwyl o gorddi yn llawer hawddach. Ond yr oedd y llaeth enwyn yn ddyfrllyd ei ansawdd a bu hiraeth mawr am yr hen laeth enwyn hen ffasiwn. Byddai ambell i gorddiad o fenyn yn mynd i'r pot i'w gadw at

---

[3] Noe – dysgl lydan wastad o bren a ddefnyddid ar gyfer gwneud menyn

y gaeaf; yr oedd ei flas yn llawer mwy hallt na'r cyffredin ond yr oedd yn dda ei gael yn ystod prinder y gaeaf.

Yn yr Hafod,[4] fferm f'ewyrth Twm, cadwyd at yr hen ddull, ond ni byddent yn corddi â dwylo. Yr oedd yno beiriant corddi – cocos mawr yn troi cocos bach a pholyn hir i fachu'r ceffyl wrtho, a ffon ysgafn hir o fôn y polyn i ffrwyn y ceffyl, iddo gerdded yn hamddenol o gwmpas y cylch. Byddai'r ceffylau yn dod i arfer â hyn, a chefais yn aml y gwaith syml o gerdded y tu ôl i'r polyn a rhoi rhyw air o swcr i'r ceffyl o dro i dro.

Pŵer[5] y gelwid y peiriant – o'r gair *power* yn ddiamau – a thrwy gyfrwng hwn y byddid yn malu gwellt yn weddol fân i'r gwartheg ac yn fanach i'r ceffylau. Byddai ambell geffyl profiadol yn gofalu eu bod yn cael ychydig o funudau o orffwys drwy fynd yn araf am ychydig, ac yna rhoi plwc sydyn, a byddai hynny'n achosi i'r strap daflu oddi ar y droell. Wedi'r cwbl, gwaith undonog ryfeddol

---

[4] Fferm ewythr Goronwy, sef William Thomas, oedd y fferm hon, sef Pantgwyn, sydd ar y gefnen rhwng tarddiad afonydd Wnion a Dyfrdwy ar y Garneddwen, Penaran, Llanuwchllyn. Bu Tom Jones, sylfaenydd Côr Godre'r Aran, yn was ffarm iddo, a chymerodd y les wedi i William Thomas symud i'r Wern, Rhuthun

[5] Pŵer – 'power', ond mewn ardaloedd eraill, er enghraifft, Llanfairtalhaiarn, 'trôwr' oedd y term, ac yng Ngheredigion, 'geryn' neu 'gerin'

oedd mynd o hyd am hir o fewn cylch y pŵer, a phwy a ŵyr na theimlai'r ceffyl druan ei fod yn dechrau penfeddwi.

Rhybuddid ni'r plant rhag chwarae hefo cocos y pŵer. Collodd mwy nag un plentyn fysedd drwy hyn. Oherwydd fod ffos yn mynd ar y buarth yr oedd gennym olwyn ddŵr a phan fyddai digon o ddŵr yn y llyn defnyddiem hi i falu'r gwellt yn lle'r pŵer, a defnyddient hyrdd-olwyn (*turbine*) ym Mhlas-y-Nant. Un amser canfuwyd fod pysgodyn braf ym mhwll yr olwyn, ond er pob ymgais ni allai neb ei ddal. Defnyddiwyd pryfed genwair a chynrhon a brithyll bach – crethilly[6] galwem hwy – i geisio denu'r pysgodyn, ond ofer pob ymdrech. Ceisiwyd ei rwydo hefyd, ond ofer fu'r ymdrech.

Yr oedd Elis y gwas yn awyddus i ddefnyddio calch, ond yr oedd fy nhad yn bendant yn erbyn. Yr oedd wedi dechrau edmygu'r pysgodyn oherwydd ei gyfrwystra yn osgoi pob dyfais i'w ddal ac roedd am iddo gael *sporting chance*. Cyn hir, er hynny, diflannodd y pysgodyn ac ni welwyd ef ym mhwll yr olwyn ddŵr byth mwy. Rhaid ei fod, yn ôl syniad rhai, wedi dianc o'r pwll i lawr dan y fflat[7] pan oedd yr olwyn yn gweithio a lefel y dŵr wedi codi, ond syniad arall mwy cyffredin oedd fod un o'r

---

[6] Crothell, neu bysgod bach, *minnow* yn Saesneg
[7] Fflat – pont wastad dros ffos neu nant

potsiars wedi defnyddio rhyw dric i'w ddal mewn ffordd annheg – calch mae'n debyg – a gwelid ôl traed amlwg wrth y ffos, yr ochr isaf i'r fflat.

Nid oedd gwybodaeth wyddonol y milfeddygon y dyddiau hynny cystal o lawer â heddiw. Dioddefodd ffermwyr golledion lawer. Nid oedd llawer y gellid ei wneud i wella'r clwy gwyn ar loi, a *pneumonia* ar y gwartheg, ac os digwydd i geffyl gael anaf oddi wrth hoelen rydlyd yn y stabl roedd yn dueddol i farw marwolaeth ddirdynnol o'r *lockjaw*.

Yr oedd cryn lawer o goel gwrach. Er enghraifft, os byddai'r gwartheg yn picio'u lloi[8], yr unig feddyginiaeth y tybid y gallai fod yn effeithiol oedd cadw bwch gafr i sathru'r gwair yn y bing[9], sef y rhan o'r beudy o flaen y gwartheg, rhwng y cefngor a'r mur oddeutu pedair troedfedd o led, lle y cedwid y gwair yn barod i'w godi dros y cefngor o flaen y gwartheg. Deuid ef yn dringlenni[10] o'r teisi neu'r helm wair, ar ôl i wair y daflod orffen.

Yr oedd hyn cyn yr adeg y condemniwyd cadw gwair yn y taflodydd uwchben y beudy. Yr oedd y *tuberculosis* yn gyffredin iawn – y clwy wast y gelwir ef, a gwelais aml i anifail yn dihoeni o

---

[8] Picio'u lloi – erthylu eu lloi
[9] Bing – yr ale rhwng y cefngor a'r wal mewn beudy
[10] Defnyddir 'treiglenni' a 'tringlenni' ill dau yng Ngeiriadur Prifysgol Cymru (GPC) – tafell o wair (Saes. *truss*)

wythnos i wythnos heb ddim y gellid ei wneud iddo, a marw yn y diwedd ac erbyn hyn efallai y byddai eraill wedi pigo i fyny y germ marwol, a'r plant yn ei gael drwy'r llaeth.

Ar ddechrau mis Mai wedi i mi adael yr ysgol, mynegodd y gwas i fy nhad ei fod yn ymadael. Pan ddaeth hyn i fy nghlustiau, ymbiliais hefo fy nhad ar iddo adael i mi fynd at y wedd yn lle'r gwartheg. Ar y dechrau yr oedd fy nhad yn anfodlon, oherwydd fy mod mor ifanc ac yn tueddu i fod yn eiddil o gorff. Nid oedd amaethu y dyddiau hynny yn broffidiol a bu hyn o gymorth i fy nhad i ganiatáu i mi fy nymuniad – byddai hynny yn arbed tâl cyflog. Felly pan adawodd y gwas, dechreuais ar fy nyletswyddau fel gwagenwr.

Yr oedd y ceffylau a minnau yn adnabod ein gilydd am mai yn y stabl y treuliwn bob min nos. Bachgen distaw tawel oedd Elis y gwas, ac anaml y codai ei lais yn uwch na'r cyffredin, ond yr oedd yr effaith ddisgyblol oedd ganddo ar y meirch yn rhyfeddol. Dilynais ei esiampl a chefais y ceffylau yn syndod o ufudd, a bron y gallem ddweud eu bod yn gyfeillgar; yr oedd rhai eithriadau.

Pan ddechreuais ganlyn y wedd o ddifrif teimlwn fy mod wedi dechrau fy nefoedd yn y byd. Nid oedd gorfod codi am chwech bob bore ddim caledi, oblegid awn i fy ngwely yn gynnar bob nos ac ni fyddai raid i fy nhad alw ond unwaith arnaf. Rhaid i mi gyfaddef na fu hi bob amser mor hawdd. Pan euthum yn hŷn, byddwn ambell i dro yn hwyr yn dod adref y nos, ac ni fyddai mor hawdd ei 'styrio hi y bore dilynol.

Yr arfer oedd codi am chwech a ffidio am ddwy awr, yna allan am wyth tan hanner dydd, allan wedyn o un hyd bump, a ffidio hyd saith. Ni chaniateid rhoi mwy nag un ddysglaid o ffid yn y preseb ar unwaith neu fe fyddai hanner y bwyd ar lawr y stabl – y ceffyl wedi ei drosi o un pen i'r preseb i'r llall a'r ffid yn colli dros yr ymylon.

Byddai rhaid ysgrafellu bob hwyr a brwsio'r ceffyl nes byddai ei flew yn disgleirio. Wrth lanhau dan gôl ambell geffyl byddai hyn yn codi goglais arno, a byddai'n troi ei ben oddi wrth ei ffid a rhoi pinsiaid bach i mi yn fy nghwt. Byddai ambell geffyl hefyd ychydig yn ddiamynedd os 'sgrafellid ef yn ystod y ffid gyntaf ac yntau angen llonydd i dorri ei chwant bwyd. Gadewid y 'sgrafellu nes byddai'r ceffylau wedi cael peth bwyd a gofelid bob amser am sefyll mor agos ag oedd yn bosibl i gwt y ceffyl a gafael yn ei gynffon gyda'r llaw chwith. Felly, pe bai natur bwrw cic ynddo, yr oeddem yn rhy agos iddo wneud dim niwed. Anaml y byddai unrhyw geffyl yn ymddwyn fel hyn ar ôl iddo arfer cael ei lanhau, ond peth doeth oedd bod yn ofalus hefo ambell geffyl castiog. Datblygai rhyw ddealltwriaeth ryfedd rhwng dyn a'i geffylau; fe wyddent ar unwaith pan ddeuai rhywun dieithr i'r stabl a synhwyrent hefyd pwy oedd yn ofnus ac yn ddiffygiol mewn ymddiriedaeth.

Cyn y lantar gannwyll, nid oedd ond cannwyll noeth a gosodid hi ar lintar y ffenestr mewn lle diogel a gofalu nad oedd dim gwynt o gwbl yn dyfod drwy'r ffenestr. Yn ystod glanhau y ceffylau gosodid y gannwyll ar bostyn pen y côr mewn gwêr a ddodid drwy droi y gannwyll ar ei hochr. Yr oedd gorchwyl pendant i roi'r gannwyll yn ei hôl ar lintar y ffenestr cyn dechrau paratoi y gwelyau gwellt. Pan ddaeth y lamp olew yr oedd yn gaffaeliad mawr ac yn llawer mwy diogel. Gosodid gwifren ar draws y stabl o un ochr i'r llall, fel y gellid symud y lamp i fod ar gyfer pa geffyl bynnag y byddai ei heisiau. Yr oedd lamp i'r beudai hefyd a hefo hon y byddai fy nhad yn mynd o gwmpas yr anifeiliaid i gyd cyn mynd i'w wely bob nos.

Byddai'n rhaid cario dŵr i'r stabl o'r pydew. Yr oedd unwaith bwmp ar y pydew, ond gan ei fod gan amlaf yn aneffeithiol tynnwyd ef allan a byddem yn codi'r dŵr hefo bwced wrth raff a adewid bob amser wrth law. Ni roddid dŵr yn union o'r pydew i'r ceffylau oherwydd ei oerfel. Llenwid crwc yn y stabl a byddai gwres y ceffylau yn ddigon i larieiddio tipyn ar oerfel y dŵr. Ambell i dro byddai crwc arall hefyd, a rhoddid yn hwnnw sleisiau o rwdenod ac ychydig o haidd a gwlychid y ffid hefo trwyth hwnnw; tybid i hyn fod o les i'r ceffylau. Byddem bob amser hefyd yn defnyddio powdwr coch[11]. Roedd archwaeth arbennig a dymunol ar y powdwr coch, ac y mae yn fy ffroen hyd heddiw. Ar achlysur, pan ystyrid fod y ceffylau yn debyg o ddioddef o'r llyngyr, ambell i dro cymerem ddigon o frigau gwyrddion yr eithinfyw[12] wedi ei falu'n fân – ond gofaled rhag dyfod â hwn yn agos i'r stabl pan fyddai caseg gyfeb. Buasai arogl cryf y llysieuyn yn ddigon iddi bicio'i chyw. Os byddai rhaid mynd at y milfeddyg, byddai ef yn paratoi'r bolsen hirgron. Rhoddid *twist* yn nhrwyn y ceffyl ac wedi gosod y bolsen ar big ffon fer, gwthid y bolsen i safn y ceffyl a gwesgid ei lwnc i'w gynnwys i'w llyncu.

Cofiaf fy nhad ar amryw o weithiau gwahanol yn cysgu bob nos yn llofft y stabl ac os byddai ei ddillad yn wlyb, rhoddai hwy ar lawr y llofft i sychu.

---

[11] Roedd Powdwr Coch Kyffin, milfeddyg y cyfnod, yn ffisig anifeiliaid hynod boblogaidd ddechrau'r 20fed ganrif
[12] *Savin* neu *juniper* yw'r eithinfyw yn Saesneg, sef *juniperus sabina*, neu artemisia. Sychid y blaendyfiant a'i ddefnyddio i drin llyngyr mewn gwartheg, ond gall fod yn beryglus i anifeiliaid beichiog

Byddai gwres y ceffylau yn sychu peth arnynt. Yr oedd eistedd ar y gist a gwrando ar y ceffylau'n cnoi eu ffid o'r preseb yn rhywbeth hyfryd iawn. Wedi'r cwbl, ffroenau llanc o'r wlad oedd gennyf ac un peth arall a'm difyrrai – wrth fynd â bwcediad o ddŵr i'r ceffylau byddai eu clustiau yn symud yn ôl ac ymlaen hefo pob llwnc ac wrth ddod â'r bwced allan, tynnwn fy llaw chwith ar hyd cefn y ceffyl i'w sicrhau o'n dealltwriaeth perffaith â'n gilydd.

Cyn gadael y stabl rhoddid gwellt dan y ceffylau yn wely iddynt ac yn y bore gwthid y peth glanaf ohono dan y preseb i ffurfio sylfaen gwely y nos ddilynol a rhoi'r gwellt glân ar yr wyneb. Cedwid gwair yn llofft y stabl a gwthid ef i'r rheseli o flaen y ceffylau. Pan fyddai'r tywydd yn oer iawn gofelid fod y fflap ar dwll y gliced yn ei lle a rhoddid tail wrth fôn y drws o'r tu allan yn gysgod rhag y gwynt oer.

Y Cŵn a'r defaid

DAU GI A ganiatawyd yn ôl y gyfraith i fy nhad ar ei fferm. Y rhai cyntaf a gofiaf oedd Jol a Pero. Enw Sbaeneg yw Pero a daeth i'n gwlad drwy'r Cymry a sefydlodd Patagonia. Cofiaf am ast ddu hefyd a'i henw Nel. Nid oedd ei diddordeb pennaf yn y defaid ac yn aml iawn pan anfonid hi yn bell i nôl y defaid, byddai wedi troi ei ffordd ar ôl cwningen ac i ddilyn ar ei hôl. Cwningod oedd ei phrif ddiddordeb ac nid oedd ei gwell am eu codi o'r twmpathau i'm tad eu saethu. Yr oeddwn wedi cael ymarfer cryn lawer gyda'r gwn o dan ddisgyblaeth fy nhad ac ychydig ar ôl i mi adael yr ysgol rhoddodd fy nhad i mi un getrysen i fynd allan ar fy mhen fy hun hefo'r gwn, wedi fy siarsio'n llym ynglŷn â thrin y gwn ac i fod yn dra gofalus. Nid oeddwn i bwyntio'r gwn hyd yn oed yn wag at neb ac yr oeddwn i gario'r gwn â'r morthwyliau ar i lawr ac os byddai'n ofynnol i roi y gwn ar lawr i ofalu pa gyfeiriad y byddai'n pwyntio. Os byddai eira ar y ddaear yr oeddwn i ofalu rhag rhoi ffroen y gwn yn yr eira rhag rhewi ohono y ffroen, yr oeddwn i ofalu rhag defnyddio stoc y gwn i ladd cwningen ac yr oedd yn hollol bwysig fod y gwn yn cael ei gadw'n lân ac yn wag o getris. Wrth gychwyn, siarsiodd fy nhad fy mod i fod yn ôl mewn awr. Pan gychwynnais drwy ddrws y cefn yr oedd Nel wedi arogli'r gwn a neidiai o lawenydd o'm cwmpas a chychwynnodd o'm blaen fel pe'n dangos i mi'r ffordd i fyned.

    Nid oeddwn ond prin bedair ar ddeg oed ac yr oeddwn yn rhy ifanc, yn ôl y gyfraith, i gario gwn. Nid oedd ond ychydig o gwningod allan yr adeg honno o'r flwyddyn ac ni chododd Nel un chwaith. Yr oeddwn wedi gobeithio y cawn saethu un yn ei sefyll, gan fod hwn y tro cyntaf i mi dynnu'r *trigger* byw. Yr oedd fy awr yn dirwyn i ben a'r gofyn am dynnu'r getrysen o'r gwn a chychwyn am adref, ond wrth ddod at dwmpath drain fe safodd Nel yn sydyn, ac aeth ymlaen yn llechwraidd ac araf a'i thrwyn i agoriad yn y twmpath. Er fy syndod fe gododd ceiliog ffesant gan glochdar yn gynhyrfus. Heb oedi moment, fe anelais y gwn wedi codi'r *trigger* a thaniais cyn i'r deryn fynd yn rhy bell. Ac er fy syndod gwelais y ffesant yn troi ar ei ochr a disgyn i'r cae. Y mae'n debyg fod rhai o'r peledi wedi torri un o'i adenydd.

Yr oedd Nel ar ei warthaf a daliodd ef wrth y gwrych – yr oedd wedi dysgu dal iâr felly pan oedd angen, heb ei hanafu.

Wedi llonyddu'r aderyn, daeth rhyw deimlad o euogrwydd yn sydyn trosof. Cuddiais y ffesant o dan fy nghot. Ac wedi pigo'r gwn i fyny prysurais tuag adre ond cyn mynd o'r golwg gwelwn y plismon yn dyfod ar ei feic a phan welodd fi, disgynnodd oddi arno a syllu i'm cyfeiriad. Wedi cam brysiog iawn neu ddau yr oeddwn o'r golwg. Yr oedd y plisman wedi f'adnabod, oblegid dywedodd wrth fy nhad yn y dref yr wythnos wedyn ei fod yn credu mai fi oedd y troseddwr, ac os oeddwn am fynd allan i saethu, am i'r diawl bach gadw o olwg y ffordd. Y mae'n amlwg na welodd y ffesant o dan fy nghot.

Wrth gerdded adref, meddyliwn pa beth a ddywedai fy nhad ac yr oedd hyn mor llethol i mi nes y trodd fy anturiaeth felys yn beth chwerw iawn. Meddyliais mai mynd adref heb y ffesant fyddai'r doethaf a'i adael yn y coed, ond yr oedd cryn dipyn o waed ar fy nghot ac amhosibl fyddai ei esbonio. Doedd dim i'w wneud ond wynebu pethau.

Roedd fy nhad yn disgwyl ar ben y boncyn a golwg ychydig yn bryderus arno gan fy mod yn hwyr ond siriolodd pan welodd fi'n dyfod. Pan welodd y ffesant aeth yn fud a'r peth cyntaf a ofynnodd oedd a oedd rhywun wedi gweld yr hyn a wneuthum. Mynegais am y plismon ond sicrheais fy nhad fy mod wedi cuddio'r ffesant cyn iddo ddod i'r golwg ond ei fod bron yn siŵr o fod wedi clywed yr ergyd. Gofynnodd i mi a oeddwn yn sylweddoli beth oedd safbwynt y meistr tir ar y mater o saethu ei ffesants. Atgoffodd fi hefyd i ffermwr ar stad arall gael ei droi o'i gartref oherwydd helynt ynghylch saethu cwningen, er y deuthum i ddeall mai rheswm politicaidd oedd tu ôl i hynny[13]. Nid oedd gan fy nhad fawr i'w ddweud; roedd yn troi pethau yn ei feddwl ar ei ffordd i'r tŷ i ddweud wrth fy mam. Ei chyngor hi oedd i beidio â phryderu gormod a chadw'r peth yn ddistaw hollol rhyngom ein hunain, ac, yn wir, ni chlywyd byth ddim am y peth. Gofalodd fy mam losgi pob pluen a phopeth arall oedd ar ôl o'r aderyn nad oedd yn addas i'w fwyta.

Bu Nel yr ast gyda mi ugeiniau o weithiau, ond ni saethais ond un neu ddau o ffesants yn fy oes. Cwningod oedd pethau Nel, ac aml i dro, pan

---

[13] Mae'n debyg i hyn ddigwydd i dad Goronwy Owen, sef George M. Owen. Roedd ei fferm, Ty'n-y-Celyn, yn denantiaeth gan R. J. Lloyd Price, Rhiwlas, ac roedd ganddo yntau bolisi pendant fod pob helfil, gan gynnwys cwningod, wedi ei neilltuo iddo yntau yn unig. Roedd Price yn awdur y llyfr *Rabbits for profit and rabbits for powder*.

ymlusgwn ymlaen ar fy mol i geisio bod o fewn cyrraedd ergyd, byddai Nel wrth fy sawdl gan symud ymlaen yn llechwraidd ac araf, yn barod i ruthro ymlaen i ddal y gwningen cyn iddi ddianc i'r twll. Arferwn bob amser ddigoluddo'r gwningen i edrych a oedd ei iau yn iach, ac os byddai unrhyw amheuaeth berwid hwy yn fwyd i'r cŵn.

Yr hen Jol oedd y ci gorau hefo'r defaid, a fo oedd y ffyddlonaf hefyd. Un noswaith rewllyd iawn aeth fy nhad i aros i fyny'r nos gyda chymydog oedd yn wael iawn ar ei wely angau. Yr oedd Jol wedi cychwyn gydag ef ond anfonodd fy nhad ef yn ôl, gan ei ddwrdio a rhoddi ar ddeall nad oedd i'w ddilyn. Ond wedi agor y drws y bore drannoeth i ddychwel adref, yr oedd Jol yn gorwedd wrth y drws a'i flew yn farrug gwyn i gyd.

Nid oedd Pero yn siapio o gwbl ac ni ddefnyddid ef ond fel ci annos i godi defaid o'r gwaelodion gyda'r hwyr i dir sychach. Yr oedd hyn yn help i rwystro'r *fluke*. Rhyw bryf oedd hwn a wnâi ei nyth yn iau y defaid ac yr oedd ei effaith mewn amser yn farwol. Yr oedd cydyn yn ymddangos o dan fôn yr ên fel arwydd o bresenoldeb y pryf ac erbyn hyn byddai'n debyg o fod yn rhy ddiweddar. Gwnaed defnydd o Pero ambell dro pan fyddai buwch yn gwrthod codi ar ôl geni llo. Codid ef dros y cefngor o flaen y fuwch a gollyngid ef i'r preseb. Ni fyddai hyn byth yn methu a byddai Pero'n ddigon heini i ddianc yn hollol ddianaf. Er hyn buasai fy nhad wedi gwneud i ffwrdd â Pero onibai am un digwyddiad anarferol.

Cyn cneifio bob blwyddyn golchid y defaid yn y llyn oedd o leiaf yn hanner milltir o led. Teflid y defaid i'r dŵr bob yn un oddi ar lwyfan pren a thynnid hwy i'r lan drwy gyfrwng gaff a choes hir iddo. Un tro dihangodd un llwdn[14] a dechreuodd nofio i ffwrdd i gyfeiriad canol y llyn ac os elai'n rhy bell byddai'n sicr o foddi, yn un peth oherwydd pwysau y gwlân gwlyb. Wrth weld Pero yn syllu arno ac yn codi ei glustiau, gwaeddodd fy nhad arno, "Pero, cer i ffwrdd," a dyma Pero'n gwthio i'r dŵr ac yn dechrau nofio ar ôl y llwdn. Ofnid os aent yn rhy bell y collid y llwdn a'r ci, ond fel yr oedd y ci yn mynd heibio'r llwdn galwodd fy nhad arno i ddychwelyd, gan feddwl y byddai'n rhaid gadael y ddafad i'w siawns. Ond unwaith y trodd y ci yn ei ôl, trodd y llwdn a dilynodd ef i'r lan.

Byddai fy ewyrth Twm yn codi tarw du bob amser ac un adeg cododd un eithriadol o frwnt, ac aml i dro gwelid ef yn corn-briddo, ac yr oedd ei ruo i'w glywed o bell. Yr oedd Moss y ci yn feistr arno a daeth y ddau i ddealltwriaeth â'i gilydd er y byddai'n ofynnol i Moss roi gwers iddo

---

[14] Llwdn – oen neu ddafad ifanc gwryw dros flwydd oed

ambell dro wrth orchymyn Twm, drwy ei sodlu'n ddidrugaredd. Gwyddai Moss pa bryd y byddai'n amser godro yn ystod misoedd yr haf, a phan fyddai'r dynion yn brysur hefo'r gwair, byddai'r forwyn yn agor llidiart y buarth a'r ci yn mynd i nôl y gwartheg yn hollol hamddenol a thawel. Cyn gynted ag y gwelent y ci'n dyfod, cychwynnai'r gwartheg bob yn un ag un i gyfeiriad y tŷ, a'r tarw rywle yn y canol. Ni chaniateid i'r tarw fynd i'r beudy oblegid fod Moss wedi dyfod ymlaen fel sentri i sefyll ar ben grisiau'r llofft wair ac yn cadw golwg arno i'w gadw o fewn pellter diogel.

Diwrnod mawr fyddai diwrnod hel y defaid. Yr oedd libart ar y mynydd yn perthyn i'r Hendre a chadwai fy nhad ryw gant o famogau Cymreig. Yr oedd y clafr yn beth cyffredin iawn pan oeddwn yn ifanc, a byddai'n rhaid dipio ddwywaith o fewn ychydig o ddyddiau. Hysbysid yr heddgeidwad a ddeuai ymlaen, ar ei feic y rhan amlaf, a byddai ganddo legins hirion. Byddai'n dipio rhai defaid ei hun gan ofalu fod y trwyth o'r cryfder angenrheidiol. Yr oedd y twb dipio a'r corlannau o gwmpas mewn lle y gallai'r dip redeg i ffwrdd ar wahân i unrhyw ddŵr glân rhag ei wenwyno oblegid yr oedd yn wenwynig iawn. Dip Cooper neu McDougall a ddefnyddid y rhan amlaf. Gofelid hefyd nad oedd briw ar ddwylo neu freichiau y

Mrs Menna Lloyd, Ty Isha, Cynwyd yn corddi.
Llun drwy ganiatâd Amgueddfa Cymru; hawlfraint Miss M. Corbett Harris.

Mrs Menna Lloyd, Ty Isha, Cynwyd yn gwneud menyn, gyda noe a chrafell fenyn.
Llun drwy ganiatâd Amgueddfa Cymru; hawlfraint Miss M. Corbett Harris.

Hwrdd a fridiwyd gan Goronwy Edwards, Cwm Cilan, Llanrhaeadr Y.M. [mab Ellen Grace Owen, a nai Goronwy Owen] ar fferm Tynygraig, Talybont, Ceredigion.
Llun drwy ganiatâd caredig Gwilym Jenkins.

Diwrnod Cneifio Hywel Dda, Rhydymain. Edward Thomas, ewythr Goronwy, yn barod i gario'r defaid fesul dwy, gyda'u coesau wedi clymu gyda chadachau, at y cneifwyr.

Y Cŵn a'r defaid

Dull nodi fferm Tynygraig, Talybont, gogledd Ceredigion.
Llun drwy ganiatâd caredig Gwilym Jenkins.

Haearn pitsio fferm Pantgwyn ['fferm fy ewyrth Twm'].

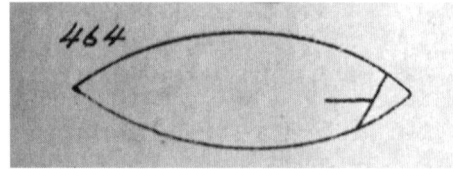

Nod clust Bryn Moel, sef sgiw a hollt cyllell i'r dde.
O 'Glustnodydd' Hugh Ellis, Blaenpennant, Llandrillo.

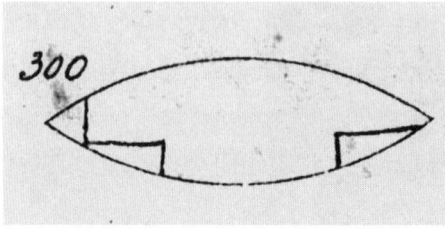

Nod clust Pantgwyn, sef carrai oddi tan y dde.
O 'Glustnodydd' Hugh Ellis, Blaenpennant, Llandrillo.

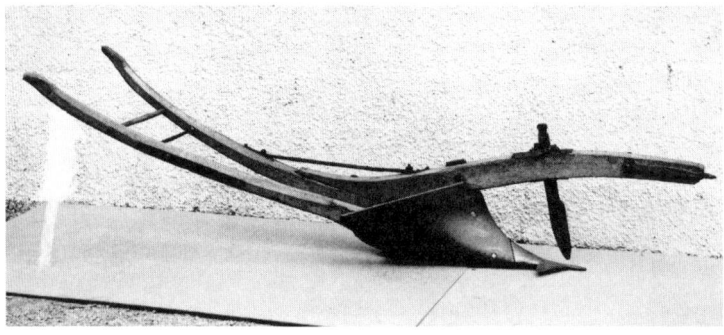

Hen aradr Edward Thomas, Hywel Dda [ewythr Goronwy Owen], rhodd i Amgueddfa Sain Ffagan, 1949.
Llun drwy ganiatâd Amgueddfa Cymru.

Edward Thomas yn trin tir Cae Ucha', Hywel Dda gyda Diwc, ei geffyl, yn tynnu'r hen aradr. Mae ei fab John yn arwain Diwc. Sylwer fod rhawn cynffon Diwc wedi tocio at y gloren.

rhai fyddai yn dod i gyffyrddiad â'r dip i ddal y defaid ynddo.

Ar ddiwrnod cneifio byddai'r ffermwyr yn cynorthwyo ei gilydd. Yr oedd yn angenrheidiol cael diwrnod braf i hel y defaid. Eisteddai'r cneifwyr ar feinciau hirion a chneifid bol y ddafad yn gyntaf ac yna rhwymid ei thraed gyda chadach cryf. Ni byddai neb byth yn defnyddio cortyn. Os byddai dafad mewn cyflwr da, byddai'r gwlân yn codi'n hawdd, ond peth anodd iawn oedd cneifio dafad mewn cyflwr drwg. Ar gyfer toriadau, Morris Evans' Oil, neu os byddai y toriad yn un drwg, plastar o wlân a phitsh poeth arno; y peth pwysicaf oedd cuddiad y briw rhag y gwybed, yn enwedig ar dywydd cynnes a llaith pryd y byddai'r cynrhon yn datblygu o anwythiad y gwybed. Byddai defaid mewn porfa hir yn fwy tueddol i gynrhoni, a gofelid am geisio ymweld â'r defaid am rai dyddiau ar ôl cneifio, er bod llai o berygl yn y mynydd nag ymhlith defaid y caeau. Ambell i dro, gwthiai dafad oedd yn cynrhoni i ryw dwll o'r golwg a methid â dod o hyd iddi mewn pryd, ac mewn ychydig iawn o amser byddai'r cynrhon wedi gweithio i mewn rhwng yr esgyrn at y coluddion, ac nid oedd dim y gellid ei wneud ond rhoi gollyngdod i'r ddafad druan o'i phoen dirdynnol.

Pan oeddwn yn hogyn, byddwn yn cael

helpu hefo dal y defaid ar ddiwrnod cneifio ac achlysuron eraill. Gwaith gweddol hawdd oedd dal dafad cyn ei chneifio ond ar ôl colli ohonynt eu cnu, yr oedd yn rhaid gwneud y gorau o'u gwddf a choesau a chynffon. Fe chwysais lawer wrth geisio meistroli'r ddafad i'w phitsio ar ôl y cneifio. Cedwid y crochan a'r llythrennau pitsh yn ofalus bob blwyddyn. Ein llythrennau ni oedd OT, sef llythrennau fy nhaid. Wedi cynnau y tân priciau ac ychydig o lo neu fawn, poethid y pitsh. Trochid y llythrennau yn y pitsh poeth ac wedi eu tynnu allan arhosid am ychydig iddynt ddiferu ac oeri, rhag blistro. Gosodid y pitsh ar ochr y ddafad, a hefyd ar ei chlun yr ochr arall. Yna pat â llaw ar ben ôl y ddafad, ac ymlaen â hi at ei chyfoedion.

Ar ôl gollwng y defaid a'r ŵyn at ei gilydd ar ôl cneifio, byddai'r brefu yn fyddarol – pob mam yn chwilio am ei hoen a phob oen yn chwilio am ei fam – ond deuai tawelwch at y nos. Yr oedd nodau eraill hefyd ar y defaid. Nod coch y rhan amlaf ond defnyddid nod glas hefyd. Strip ar y crwper neu i lawr y goes neu'r ysgwydd – yr oedd i bob fferm ei nodau arbennig ei hun. Wrth nodi clustiau'r ŵyn, gweillie[15] a ddefnyddid y rhan amlaf – i wneud bwlch plyg neu ganwer ac i dorri

---

[15] Gwellaif, gwelleife – sef yr erfyn cneifio

blaen. Yr oedd tylliadur (*punch*) hefyd i dorri tyllau – pob fferm â'i nodau clustiau ei hun. Ar ôl nodi, byddai brestiau'r ŵyn yn goch gan waed, ond buan iawn y sychai'r briwiau, er y byddai ambell oen yn parhau i ysgwyd ei glustiau yn wastadol gan wneud pethau'n waeth. Byddai rhai ffermwyr yn torri cynffonnau yr ŵyn benyw hefyd. Defaid cwta fyddai bob amser ym Mhlas-y-Nant.

   Defaid Cymreig a gaed wrth reswm ar y mynydd – a cheisiai'r ffermwyr gorau wella eu stoc drwy roddi pris da am hyrddod rhywiog. Dechreuodd fy nhad gadw rhai mamogiaid ar y caeau a'u croesi gyda hyrddod Southdown. Caed ambell i ddafad â dau oen. Deuai'r ŵyn hyn yn barod ar gyfer marchnad gynnar – byddent yn werth tua dwybunt yr un yn 1926.

Trin y Tir

NI WELIR ARADR hen ffasiwn yn unman heddiw ond mewn amgueddfa. Aradr hir a 'styllen[16] hir a swch[17] hir a chyrn pren oedd i'r hen aradr. Cwlltwr[18] o flaen y swch ac olwyn fach i redeg ar hyd yr wyneb i reoli dyfnder y gwys – byddai rhaid rheoli lled y gwys hefo'r cyrn a'i dal yn wastad hefyd. Mewn ambell i dir sofl llac byddai'n rhaid hepgor yr olwyn fach hefyd; ar dir glas y gweithiai orau.

Yr oedd fy nhad gyda mi pan ddechreuais aredig am y tro cyntaf. Yr oedd hi'n grefft bur fanwl ac yn gofyn am dipyn o nerth yn y breichiau a minnau ond rhyw bedair ar ddeg oed. Er i mi fynd unwaith neu ddwy rhwng cyrn yr aradr ar dir sofl, fy nhad oedd yn gyrru'r ceffylau a'r awenau ganddo ef, yr

---

[16] 'Styllen, neu 'styllen bridd – Y plât pren neu fetel sy'n troi'r toriad a wneir gan y swch. *Mouldboard* yn Saesneg
[17] Swch – prif lafn metel yr aradr sy'n torri cwys drwy'r tir
[18] Cwlltwr – llafn metel o flaen y swch sy'n gwneud y toriad fertigol yn y pridd, a dorrir ar oleddf gan y swch

oedd yn rhaid i mi droi yn iawn a mwy manwl ar dir glas. Wedi ail-ddurio'r swch gan y gof, aethom â'r wedd a'r hen aradr i'r cae canol. Gosodasom y pegiau ar hyd y cae yn rhes syth. Yr oedd yn rhaid i'r cwlltwr fod yn hollol syth. Wedi mynd â'r aradr o gwmpas y cae i fesur lled y dalar[19] gosodwyd yr olwyn fach yn isel i dorri cwys faes ac ymlaen wedyn yn dringar o bolyn i bolyn nes cyrraedd pen y gwys gan gadw'r llygad yn fanwl rhwng y ddau geffyl ar y rhes polion. Fy nhad oedd wrth y cyrn a minnau'n tywys un o'r ceffylau i hwyluso. Ar ôl torri un gwys faes, troi'n ôl yn y pen i dorri cwys arall faes i gyfarfod â'r llall. Yna codi'r olwyn fach i dorri cwysi dyfnach ar gefn y cwysi bach. Effaith hyn fyddai lleihau'r cefn ar yr agoriad cwysi ac yr oedd hyn yn bwysig, cael osgo iawn i'r cwpin i orwedd yn glòs ar ei gilydd gan wneud gwely i'r hadau. Yr oedd yn hollol bwysig i'w gael yn glòs rhag i'r hadau fynd i lawr o dan y cwysi.

Peth gweddol hawdd fyddai rheoli'r ceffylau pan fyddai ceffyl yn cerdded y gwys, a deuthum i arfer wrth droi'n ôl ar ben y gwys i gadw'r tinbrenni[20] yn ddigon pell oddi wrth y ceffylau rhag iddynt roi

---

[19] Talar – rhimyn o dir ar ymyl y cae a adewir heb ei aredig, i adael lle i'r aradr droi

[20] Tinbrenni – trawst pren a osodir y tu ôl i'r ceffylau, y cysylltir y tresi iddo, sy'n rhoi rhyddid i ysgwyddau'r ceffyl symud

eu traed dros y tresi. Yr oedd yr hen Jaff yn onest ac yn gwybod ei gwaith, a hi fyddai'n cerdded y gwys ond yr oedd Comet ychydig yn gastiog. Yr oedd wedi deall sut i gael yr awen dan ei gynffon a'i gadw'n dynn fel nad ellid ei ddefnyddio i dynnu yn ei ben. Wrth aredig, ni fyddai hyn yn digwydd, ond wrth lyfnu, byddai rhaid defnyddio mwy ar yr awenau, ac wrth lyfnu gwyddai Comet y cawsai sefyll am foment i fedru gwneud hynny. Oblegid wrth lyfnu rheolid y cyfeiriad yn gyfan gwbl drwy gyfrwng yr awenau.

Cyn hir teimlai fy nhad y gallai fy ngadael iddo fynd o gwmpas y defaid a daeth fy mam â dipyn o de i mi – te a bara menyn – ac eisteddais ar yr aradr i'w fwynhau; yr oeddwn yn bur sychedig. Yr oedd hyn yn digwydd bob dydd, ac ni wnaeth fy mam ddim ond fy nghanmol er i mi gydnabod i mi fy hun fy mod mewn tipyn o drafferth ac yn bystachu tipyn. Iawn a fu iddi gwyno wrth fy nhad fod y gwaith yn rhy galed i mi a minnau mor ifanc ac ar ôl diwrnod neu ddau ni chaniataodd i mi aredig ond bob yn ail ddiwrnod gydag ef. Bu'n ofalus rhag anafu fy nheimladau. "Cer di yn gwmni i'r defaid," meddai, "ac fe roddaf innau rhyw blwc bach o droi". Teimlwn fy hunan yn cryfhau bob dydd ac yr oedd fy meistrolaeth ar yr hen aradr yn gwella. Ond, un diwrnod, er cael fy rhybuddio gan fy nhad i beidio cerdded yn rhy bell ymlaen rhwng cyrn yr hen aradr, yn enwedig mewn tir glas, fe anwybyddais ei gyngor am fod y ceffylau drwy drugaredd yn cerdded yn ddigon tringar. Daeth y swch ar draws carreg nad oedd yn y golwg a tharodd corn yr aradr fi yn fy ochr. Cefais dipyn o loes ac roeddwn yn griddfan mewn poen ond yr oedd y ceffylau wedi sefyll. Gorfu i mi ollwng a gadael yr aradr ar ganol y gwys ar ei hochr, a ches i gryn drafferth i ddatgysylltu'r ceffylau a mynd adref gan ofni fy mod wedi torri asen neu ddwy. Dygwyd fi at y meddyg, ond gan nad oeddwn yn poeri gwaed o gwbl, tybiai y meddyg nad oedd yr anaf yn fawr, a deuthum adre â'm braich mewn sling a rhwymyn o gwmpas fy asennau. Ar ôl gorffwys am ddiwrnod neu ddau gwellais yn dda ac yr oeddwn yn ysu am fynd yn ôl at yr aradr.

Ond, canlyniad hyn oedd i fy nhad fynd i brynu aradr olwynion – un olwyn i redeg ar hyd y gwys, un ar hyd y tir ac un arall lai yr ochr arall. Ond gofalu eu bod wedi eu gosod yn briodol, a bod y copstol[21] wedi ei sefydlu yn y lle priodol, rhedai hon bron ar ei phen ei hun heb gyffwrdd y cyrn. Hefo hon gellid aredig sawl acer y dydd, gan fod y cwysi yn llawer lletach a gorweddent yn wastad, nid fel yr

---

[21] Copstol – darn o haearn ar ben blaen yr aradr er mwyn cysylltu cadwyn at y tinbrenni tu cefn i'r ceffylau

hen aradr. Wrth droi tir glas gosodid swch fechan o flaen y cwlltwr i droi cwys fechan a honno i fynd dan y gwys fel na fyddai dim glaswellt yn y golwg i dyfu rhwng y cwysi, ac yr oedd dwy gyllell ar fôn y 'styllen i rwygo'r cwysi. Ar dir llechweddog byddai'n ofynnol symud y copstol ar ben pob cwys i fedru cadw'r aradr heb lithro o'r gwys.

Daeth yr aradr olwynion fwyfwy cyffredin a phoblogaidd iawn ac ni ddefnyddid yr hen aradr ond i godi pridd at y cwts tatws[22]. Yn fuan cafodd yr enw fel yr aradr hen ffasiwn. Yr oedd hyn yn golled ar y pryd i Samuel Jones y gof. Un o'i gampweithiau oedd gwneud erydr ac ymfalchïai yn eu saernïaeth a'u gwneuthuriad a galwai hwynt yn erydr "ambyth". Yn fuan iawn collasant eu gogoniant a gwelid llawer ohonynt am flynyddoedd yn rhydu yng nghil y cloddiau.

Daeth dydd hau â llaw i ben hefyd bellach. Yr oedd hau â llaw a gwneud y gwaith yn iawn yn grefft bur gywrain. I gludo'r had, defnyddid yr hyn a elwir yn llestr hau, er y gwelais ddefnyddio cynfas a'i phedair cornel wedi eu clymu hefyd. Yr oedd y llestr ar lun bowlen i ffitio o gwmpas y corff gyda dwrn bob ochr a defnyddid strap neu raff ysgafn dros yr ysgwydd ac ar draws y corff.

Dysgais hau ag un llaw ar y cychwyn ac yna

---

[22] Cwts tatws – dull storio tatws (*clamp* Saes.)

gyda dwy law a hau yn wastad oedd y gamp. Ar dir a drowyd ag aradr hen ffasiwn byddai'r hadyd yn disgyn yn rhesi gweddol gryno yn y rhych rhwng y rhesi – dyna pam roedd yn rhaid aredig yn glòs fel na fyddai'r hadyd yn mynd o dan y cwysi; llyfnu wedyn hefo ogau haearn neu rai pren â dannedd haearn. Yr oedd yn ofynnol llyfnu ar unwaith oherwydd byddai'r brain a'r adar eraill wedi cymryd eu toll. Gwaith digon blinedig a llychlyd oedd dilyn yr ogau ac nid oedd fawr o grefft. Y peth pwysicaf oedd peidio dryllio gormod ar gwysi tir glas a gofalu rhag troi yn rhy grwn yn y pen, neu gallasai hynny achosi i'r ogau, oedd yn aml yn dridarn, droi'n beryglus gyda'u dannedd ar i fyny.

Yn fuan ar ôl dyfodiad yr aradr olwynion daeth y dril hau. Bocs llydan ag olwyn ym mhob pen ydoedd, a pholyn yn y canol rhwng y ceffylau. Gorchwyl anodd iawn yn aml oedd eu cael rhwng yr adwyon. Llyfnid o flaen ac ar ôl y dril a phan ymddangosai'r egin fe ddatguddid yn eglur y rhipiau a adawyd heb yr had. Er hynny yr oedd yn beiriant gwych ac yn gaffaeliad mawr ac yn arbed llafur caled iawn. Aeth y llestr hau allan o ffasiwn ac ni ddefnyddiwyd ef ond i hau *guano* neu *basic slag*. Ond daeth dril i ben hefyd yn bur fuan. Yr oedd mesurydd ar dalcen y dril fel rhyw gloc i fesur yr aceri a phenderfynid drwy rhyw cloc arall i reoli rhediad yr had, pa mor dew neu pa mor denau i hau.

Ar y dechrau cael benthyg dril a wnâi'r fferm, a byddai dyn yn ei ddilyn. Dic Tŷ Pella wyf yn ei gofio gyntaf – yr oedd yn un swniog iawn. Wrth ddechrau mynd o gwmpas y cae cyntaf, yr oedd y wedd yn tynnu'r flaen ar i fyny a dechreuodd Dic â gweiddi arnynt yn hwyliog. Nid oedd fy ngheffylau erioed wedi arfer â hyn, a gwelwn Comet yn dechrau ysgwyd ei glustiau ac yna sefyll, a rhoi plwc sydyn yn ôl. Dyma Dic yn gweiddi drachefn a gwelwn fod y ceffyl yn cynhyrfu. Gorfu i mi ofyn i Dic fod yn ddistaw, ac euthum at y ceffyl a rhoi fy llaw ar ei war a sibrwd yn dawel wrtho. Wedi seibiant byr, ni chefais unrhyw drafferth i gael y ceffylau i fyned i'r pen ac felly bob tro, ond bu raid i Dic ofalu rhag codi ei lais o gwbl.

Yn ôl traddodiad, yr adeg i hau oedd diwedd Mawrth neu ddechrau Ebrill, yn ôl fel bo'r tywydd – "tridiau'r deryn du a dau lygad Ebrill".

Ar ôl hau, plannu tatws. Byddem yn hau hefo mochyn – mochyn pridd ac nid mochyn hwch, chwedl Ifan Ifans y Nant. Math ar aradr â thrwyn hir iddi a 'styllen bob ochr iddi oedd y mochyn a phan ddechreuais ei ddefnyddio i blannu tatws ar gae braidd yn llechweddog, yr oeddwn yn rhy ysgafn i reoli trwyn y mochyn rhag iddo suddo i'r ddaear a mynd yn rhy ddwfn. Meddyliais am ddefnyddio olwynion yr aradr newydd ond yr oedd eu coesau'n rhy fyrion. Y ffordd y ceisiais ddod dros hyn oedd rhwymo rhyw ddarn o haearn trwm yn agos i gyrn y mochyn, ond yr oeddwn o hyd yn cael trafferth i drin y mochyn. Gwelodd fy nhad na wnâi hyn y tro ac na fyddwn yn gallu trin y rhesi heb drafferth mawr a dywedodd y byddai'n rhaid iddo ef ymgymryd â'r gwaith. Penderfynais fynd at Samuel Jones y Gof, a gwnaeth ef gopstol ar unwaith i mi – un i redeg i fyny ac i lawr, ac wrth ei osod yn isel ni fyddai'r wedd yn tynnu'r mochyn i'r ddaear a medrais ei reoli. Rhaid i mi gyfaddef serch hynny mai tipyn yn drofaog oedd y rhesi y tymor cyntaf hwn.

Byddai pob fferm yn tyfu aceri o faip a *swedes* ac ychydig o fangolds i'r moch. Byddai cae wedi ei flaenaru[23] yn gynnar iawn yn y Gwanwyn. Troi cwysi yn faes iawn oedd blaenaru, i ladd unrhyw welltglas neu chwyn. Trinid y tir ar gyfer y maip a'r *swedes* yn ofalus iawn, ei droi a'i lyfnu nid yn unig â'r ogau arferol, ond casglu gwreiddiau yn sypiau gyda'r og linciau, sef linciau haearn sgwâr wedi'u cyplysu drwy gyfrwng dwy rod haearn a

---

[23] 'Braenaru' fyddai'r ferf ddisgwyliedig, ond 'blaenaru' a ddefnyddiai Goronwy Owen, yn gyson.

phwysau llusgol ar ôl. Yna casglu yn sypiau mwy â fforch a'u llosgi, ac wedi troi a llyfnu drachefn byddai'r tir yn barod i'w resu.

Yr oedd cystadlu rhwng y ffermydd am y rhesi sythaf, ac yr oeddwn innau'n dechrau dysgu. Hauwyd yr had hefo dril fechan, un yn y breichiau, ac un arall yn tynnu. Ambell i dro fe rwymid y dril y tu ôl i rhowl bren ysgafn a ymestynnai dros ddwy res, a'r ceffyl yn cerdded rhyngddynt. Byddai hyn o gryn fantais, yn enwedig pan ddefnyddid rowl ddwbwl. Ond gan nad oedd un debyg gennym ni byddai rhaid mynd ar hyd y rhesi ar ôl gorffen rowlio a heuid y mangold hefo llaw – rhyw dri neu bedwar hedyn i bob twll.

Er cymryd trafferth mawr i lanhau'r tir hefo'r maip a'r tatws, byddai peth chwyn yn siŵr o dyfu a defnyddid y sgyfflwr[24] rhwng y rhesi a'r mochyn i briddo'r tatws. Dau neu dri diwrnod ar ôl sgyfflo roedd yn rhaid sortio. Yr oedd rhai ffermydd yn defnyddio'r hof i wneud hyn; erfyn ysgafn â choes hir oedd yr hof, ond ar ein gliniau yr oeddem ninnau, oedd yn ffordd llawer saffach o sortio'r maip a'r *swede* â bacsiau ar ein coesau. Rhwymem sachau hefo cortyn coch ar hyd ein crimogau o'r esgid i gyrraedd dros y pen glin, gan adael rhyw ddeg modfedd neu droedfedd rhwng pob meipen

---

[24] Sgyfflwr – hof a dynnir gan geffyl.

a adewid, a thynnid pridd o'i chwmpas a'i gadael i orwedd ar y ddaear, pob un yn ei lle, a'r llysiau a dynnwyd yn glir o'r rhes i farw.

Byddai Ifan y Nant a Bob y Cefn yn cynorthwyo hefo'r sortio. Roedd rhywbeth diniwed yn Bob a gwyddem bob tro pan fyddai wedi tynnu gormod o swp a gadael bwlch, oblegid rhoddai rhyw besychiad gyddfol neu ddau. Byddai pawb yn tynnu rhyw blantsen ambell i dro a phan ddigwyddai gwnaem dwll yn y pridd gan ail-blannu, a byddai hyn yn llwyddiannus ond ar dywydd rhy sych, ond fod y feipen yn llai. Ambell i dro byddai'n rhaid mynd rhwng y rhesi gyda'r hof, ond unwaith y tyfai'r dail i gyfarfod ei gilydd nid oedd llawer o siawns i ddim chwyn i dyfu ac felly y cedwid y tir yn lân ar gyfer y tymor nesaf i hau haidd a hadau gwair, a deuai'r caeau drachefn yn dir glas.

Yn ogystal â chynnyrch y beudai a'r stabl, defnyddid gwrteithiau gwyddonol hefyd yn enwedig calch, *basic slag* a *guano*. Gwneid cwtsys yn y cae i gadw tatws, heblaw y rhai cynnar, a rwdins rhag y rhew. Rhych gweddol ddwfn a gwellt o gwmpas y tatws a thrwch o bridd o'i gwmpas oedd cwtsys. Ond ambell i dro byddai'r defaid yn dod o hyd i'r rwdins ac yn crafu atynt i'w bwyta. Gwaith oer, fel y gellid dychmygu, oedd codi llwyth o'r cwts yn ystod misoedd oer y gaeaf.

Byddai'r Gwanwyn yn adeg bur brysur yn enwedig pan fyddai'r defaid yn bwrw ŵyn. Er na hoffai fy nhad gael ŵyn yn rhy gynnar, pan ddechreuent ymddangos, byddai'n rhaid codi'n fore iawn ac er pob gofal, byddai colledion. Pan gollai dafad ei hoen, fe flingid yr oen a rhoddi'r croen ar oen oedd wedi colli ei fam a chyfyngid y ddau mewn lle gweddol gyfyng am ychydig. Byddai hyn bron bob amser yn llwyddiannus – y gwaith anoddaf oedd perswadio'r oen i sugno dafad wrth ei dal yn agos iddo a synnais lawer tro at ystyfnigrwydd oen bach.

Ar ôl cneifio, y peth nesaf oedd paratoi'r cynhaeaf gwair. Wedi tynnu i lawr y pladuriau a fu'n hongian drwy'r gaeaf ar y distyn yn llofft yr ŷd, y peth cyntaf oedd eu llifo ar y maen llifo – fy nhad yn llifo a minnau yn troi. Byddai'n falch gennyf gael seibiant am ychydig tra byddai fy nhad yn mesur y trwch ar fin y bladur drwy dynnu ei fys a'i fawd ar hyd y min yn ofalus – ychydig o ddŵr wedyn ar y maen a throi drachefn, nes bod y min yn ddigon tenau. Pladuriau Isaac Nash fyddai fy nhad yn eu prynu bron bob amser, am fod gwell dur ynddynt. Wedi llifo, sicrhau'r goes a gosod y cyrn. I ladd gwair byddai corn y llaw ddehau y tu ôl i'r goes er mwyn cael gwell a lletach arfod, ac yr oedd y mesur o big y bladur i fôn coes rywbeth yn

Corn bloneg, corn grit, a stric, eiddo Mrs Kate Jones, Ffridd Goch Ganol.
Llun drwy ganiatâd Amgueddfa Cymru; hawlfraint Miss M. Corbett Harris

Chwe pladurwr yn lladd gwair, Brechfa.
Llun drwy ganiatâd Amgueddfa Cymru.

Edward Thomas, Hywel Dda, yn eistedd am saib ar y peiriant torri gwair, gyda'i fab yng nghyfraith Vic Evans a'i fab John Thomas yn cribinio.

Thomas Edwards, Cae Coch, Rhydymain a'i wraig yn cribinio'r gwair yn rhengau yn y Cae Lein.

Trin y Tir

Mydylau bach Cae Poeth, Cynllwyd.
Lluniau drwy ganiatâd Amgueddfa Cymru

Gwneud hulog, Tyddyn Tegid, Rhyduchaf.
Llun drwy ganiatâd Amgueddfa Cymru.

Llwyth gwair trwm ar drol gydag ofergarfanau arni, Rhydywernen, Cefnddwysarn.
Llun drwy ganiatâd Amgueddfa Cymru.

Trin y Tir

Car llusg Edward Thomas, gydag ef a'i blant, Susannah a John, ger llynnau Cregennen, Arthog, 1916.

Harnais ceffyl gwedd, Llangurig. Sylwer ar y gwastrodur ar gefn y ceffyl, a'r goler, gyda'r mwnci yn gorwedd ynddi.
Llun drwy ganiatâd Amgueddfa Cymru; hawlfraint Jim Hammonds.

Harnais ceffyl gwedd, Llangurig, yn dangos linciau'r garwden, a'r dordres dan fol y ceffyl.
Llun drwy ganiatâd Amgueddfa Cymru; hawlfraint Jim Hammonds.

Robin Owen yn ei drap yn dychwelyd i fferm Bryn Moel, lle bu'n ffermio ar ôl i'w dad, George Monks Owen, farw yn 1918.
Llun drwy ganiatâd Alan Dolben.

debyg ymhob pladur fel bod arfod pob pladurwr yn agos i'r un faint.

Hogid y pladuriau hefo grit a bloneg ar stric. Pren ychydig dros droedfedd o hyd oedd y stric,[25] i ddechrau'n sgwâr a mynd yn big at y blaen a'r darn at y bôn – y cwbl yn un darn. Cedwid y grit a'r bloneg mewn corn buwch. Ar ôl iro'r stric hefo'r bloneg, taenid y grit yn wastad a gofalus ar yr ochrau a'u gwasgu mor agos â phosibl at y pren hefo darn o bren hirgrwn a ddefnyddid yn gorcyn ar y corn. Wedi hyn, gosod y cyrn yn cynnwys y grit a'r bloneg mewn lle diogel a chofio lle y gosodwyd hwy; y peth nesaf oedd dechrau hogi.

---

[25] Stric – erfyn i roi min ar bladur

Gosodid y bladur â phen ei choes ar i lawr fel y deuai ei llafn dros yr ysgwydd chwith a delid hi'n ddiogel gyda'r llaw chwith i hogi'r blaen. Wedi hyn, gosod blaen y bladur ar lawr a hogi'r llafn yn raddol at y pen – rhyw bedair stroc ar un ochr, ac un ar y llall o'r ochr fewn. Tynnid bawd ar hyd y min gyda gofal mawr i brofi awch y min. Ni feithrinid y grefft hon ar unwaith; yr oedd rhai yn well hogwyr na'i gilydd. Cyngor fy nhad oedd, "Chwysa fwy wrth hogi – chwysa lai wrth dorri."

Un o'r pethau pwysicaf wrth ladd gwair oedd gofalu gyrru pen y bladur i'r llawr yn wastad â'r ddaear – onid e, byddai'r un a fyddai'n dilyn yn gorfod torri mwy na'i siâr o dan ei ystod. Byddai pwy bynnag oedd yn euog o hyn yn cael tafod gan yr hwn a'i dilynai. Cyflogid pladurwr neu ddau yn ôl maint y fferm a pheth cyffredin oedd gweled pedwar neu bump yn dilyn ei gilydd o un pen i'r cae i'r llall. Cyfeirient yn ôl fel y byddai'r gwair yn gogwydd oddi wrth y bladur. Yr oedd yn grefft galed iawn.

Clywais fy nhad yn sôn am un fferm lle byddai pump yn pladuro. Penderfynid y rhythm gan y pladurwr cyntaf a thorrid pob arfod gyda'i gilydd. Yr oedd un o'r meibion newydd ddysgu defnyddio'r bladur a gosodwyd ef yn y rheng, yn agosaf at yr olaf, a'i dad oedd hwnnw. Ambell i dro byddai'r hogyn amhrofiadol yn torri ar y rhythm ac yn 'aildorri ei arfod.' "Hidia befo'r gwair, 'machgen i, dysga i ganlyn," oedd cyngor ei dad.

Fy nhad oedd un o'r rhai cyntaf i brynu peiriant torri gwair. Cofiaf yr enw ar blât canol y peiriant ac ar y sedd haearn, 'Powell Bros, Cambrian Works'. Polyn oedd iddi yn lle siafft i ddau geffyl, a pholyn bach ar draws y pen a strapiau lledr i'w sicrhau wrth fôn coleri'r ceffylau. Pan fyddai wrth ei waith, clywid ei sŵn metalaidd o bell ac erys yn fy nghlustiau hyd heddiw. Byddwn yn torri gwair y ffermydd bychain o gwmpas, bob blwyddyn.

Ymhlith fy nyletswyddau cyn gadael yr ysgol oedd dilyn y peiriant hefo cribin bren. Ambell i dro byddai'r gwair yn gogwydd ymlaen o flaen y gyllell a fy ngwaith oedd ceisio cafflo'r gwair yn ôl rhag iddo ffurfio swp a thagu'r gyllell a thynnu'r ystod yn y pen i wneud lle clir i'r llafn. Gorchwyl arall oedd tynnu'r ystod gyntaf a dorrid o gwmpas y cae yn berffaith lân oddi wrth y gwair byw fel y gellid torri ystod neu ddwy a mynd mor agos ag oedd yn bosibl at y clawdd. Pan dagai'r gyllell yr oedd yn rhaid bacio. Wrth wneud hynny byddai'r polyn yn mynd i fyny tua'r awyr a'r coleri yn llithro oddi ar war y ceffylau at eu clustiau.

Peth rhyfedd i mi na fuasai mwy o ddefnydd o fontiniau[26] i wneud y bacio yn fwy hwylus.

Yr adeg orau o'r dydd i dorri gwair oedd y bore cyntaf neu hefo'r hwyr. Ni flinid y ceffylau gan y Robin Gyrrwr ar yr oriau hynny fel y gwnaent yn llygad yr haul, a byddai'r wedd yn chwysu llai. Byddai rhai ceffylau, ambell i dro, yn ceisio osgoi cael eu dal ar y cae. Ni ellid byth ddal Comet, ond pan ddelid y gaseg dilynai yntau ar ei hôl, oherwydd fe wyddai y byddai ychydig o geirch yn y preseb iddo. Ceffyl pryn oedd, a ddysgodd rai castiau yn gynnar ar ei oes, a pheth anodd iawn oedd "tynnu cast o hen geffyl"!

Wedi torri, byddem yn chwalu'r gwair hefo picffyrch neu gribiniau a phan ddeuai amser troi'r gwair byddai'r merched yn troi allan, a chofiaf gymaint ag wyth yn mynd, un ar ôl y llall. Ni byddai'r olaf yn gorfod mynd i'r pen, byddai pawb yn caffio ac yn symud o ris i ris ac yna'n ôl i'r pen arall yr un fath. Yr oedd troi gwair yn waith digon caled oherwydd y byddai'n rhaid gwneud hyn yng nghanol y gwres, a chyn i fy nwylaw galedu byddai yswigennod ar fy modiau a'm bysedd a'r rheini'n ddigon dolurus. Wrth ddal fy mhen yn ôl ac ar yr ochr teimlwn weithiau fel penfeddwi. Yr oedd

---

[26] Bontian neu bontin – cadwyni pen ôl y ceffyl sy'n cysylltu'r gêr a'r siafft, i ganiatáu bacio'r peiriant a dynnir

gorchymyn pendant ein bod i droi'r ystodiau i gyd drosodd heb adael yr un tusw glas.

Gwelais wneud rhengau hefo cribiniau bach ond daeth y casglwr i fri cyn bo hir. Pren hir oedd y casglwr a bysedd bob ochr iddo a phigau haearn iddynt a dwy fraich gam y tu ôl, a cheffyl i'w dynnu. Byddai rhaid i un dwyso'r ceffyl ac un arall rhwng y breichiau i reoli ac i benderfynu pa bryd i ddymchwel y casglwr a gadael y gwair yn rheng.

Daeth y gribin geffyl cyn bo hir i gymryd lle'r casglwr ac ni ddefnyddid ef bellach ond i wneud hulogod.[27] I hynny, fe dwysid y ceffylau ar hyd y rheng a cheisiai yr un oedd yn y breichiau i hel yn lân heb adael i'r pigau fynd i'r ddaear. Ar ôl cael digon o lwyth, troi at yr hulog a'i ddymchwel yn y lle mwyaf cyfleus. Byddai'r hulogod yn amrywio mewn maint, rhai ag un llwyth trol ynddynt ac eraill â dau. Gellid hel y gwair yn hulogod pan oedd ychydig yn ir a dyna oedd y fantais. Byddai'n twymo ychydig ar yr hulog, ond camgymeriad rhai oedd gadael yr hulogod yn rhy hir heb eu cludo i'r helm wair a gadael iddynt oeri ar ôl twymo, a dyna'r pryd y byddai'r hulogod yn dechrau gwlychu, ond byddent yn bur ddiogel rhag hynny tra byddai'r twymiad ynddynt. Peth arall oedd fod y gwair yn twymo ychydig yn yr helm; onid

---

[27] Hulog – tas wair fechan – o'r Saesneg *hillock*

e, fe fyddai ei ansawdd yn fasw a diflas. Ambell i dro ar dywydd da, fe gludid y gwair yn syth o'i fydylau i'r das neu'r helm, ac os byddai'r gwair ychydig yn rhy ifanc ac ir, fe osodid sach o wellt ynghanol y cowlas[28] a'i chodi fel y byddai'r gwair yn codi; byddai hyn yn fath ar simdde rhag i'r gwair ordwymo a mynd ar dân.

Ucheldir oedd fferm fy ewyrth Twm a chan na fyddai yno gnydau trymion ond ar rai caeau, cesglid y gwair hefo cribin llaw yn 'gociau bach' pan fyddai'r tywydd yn anffafriol, a chan fod y gwair yn denau byddai hyn yn help i'w gadw rhag mynd i'r ddaear. Er hynny, mydylau fyddai'r mwyaf hwylus ac effeithiol. Cynhwysent fforchiaid neu ddwy o wair ac er cael peth glaw byddai'r gwair yn cadw yn weddol sych. Ond, cyn eu cludo i mewn, os byddai wedi glawio a gwaelod y mydylau ychydig yn wlyb, yr oedd rhaid eu chwalu i sicrhau nad oedd dim dŵr glaw yn aros, i achosi i'r gwair lwydo – peth cas ac afiach iawn i ddyn ac anifail oedd y llwydni gwair ar ôl cynhaeaf drwg.

Cludid y gwair i'r helm neu'r gadlas hefo troliau y rhan amlaf – troliau a charafanau[29] arnynt yn

---

[28] Cowlas – adran o'r sgubor rhwng unrhyw ddau bostyn lle cedwir y gwair neu'r gwellt
[29] Disgrifir rhain fel 'carafanau' fan hyn, ond fel 'ofergarafanau' wedyn, sef ffrâm bren a osodir ar drol i'w galluogi i gario mwy o wair (Saes. *thripple*)

cyrraedd rhyw dair troedfedd dros y pen blaen a rhywbeth yn debyg dros eu tincar[30] y tu ôl. I wisgo'r ceffyl rhoddid ei goler dros ei ben am ei wddf, yna gosod y mwnci[31] yn ei le ar y goler. Byddai'n rhaid i strap y mwnci fod o ledr da oblegid mai wrth fachau'r mwnci y bechid y tresi byrion a gysylltid â'r siafft. Gosod gwastrodur[32] wedyn ar gefn y ceffyl a byclu'n ofalus y ddwy strap ledr o dan ei fol. Yn y 'strodur yr oedd math ar gafn haearn rhyw fodfedd a hanner o led ar draws y cefn lledr i fod yn wely i'r garwden, sef cadwyn o linciau cryfion i'w sicrhau wrth y siafft bob ochr i'r ceffyl i ddal pwysau'r llwyth. Yr oedd dwy gengl hefyd yn cysylltu'r 'strodur a'r goler, a bontin i'w sicrhau wrth y siafftiau. Un peth hollbwysig arall oedd y dordres, sef dau lafn hir o ledr tua dwy fodfedd o led wedi eu gwnïo wrth ei gilydd yn cyrraedd o siafft i siafft o dan fol y ceffyl. Un tro fe anghofiwyd y dordres ac wrth lwytho'n dindrwm, fe godwyd y pen blaen; yr oedd y goler yn tagu'r ceffyl a rhoddodd naid sydyn yn ei flaen, nes

---

[30] Tincar – astell symudol ar draws cefn y drol neu wagen
[31] Mwnci – *hames* yn Saesneg – dau ddarn bwaog o fetel neu bren yn ffitio rhigol bwrpasol o gwmpas coler ceffyl gwedd, a'r tresi tynnu yn sownd ynddynt. Hefyd, coler ceffyl
[32] Gwastrodur – 'rheolwr' neu 'goruchwyliwr', *cart-saddle* yn Saesneg, sef y dull mecanyddol o reoli neu ddisgyblu ceffyl

syrthio o'r llwythwr a'r rhan fwyaf o'r llwyth dros y pen ôl, a daeth y siafftiau i lawr i'w lle drachefn. Dwrdiwyd fi gan fy nhad, ond cyfaddefodd i'r un peth ddigwydd yn ei hanes yntau un tro wrth chwalu tail, wrth godi ar y frân[33] cyn tynnu'r tincar, a bu agos iddo orfod cymryd cyllell i dorri strap y mwnci i ryddhau'r ceffyl.

Yn ogystal â helpu i droi'r gwair, y merched fyddai'n gyfrifol am y godro. Deuent hefyd â the i'r cae. Yr oedd hyn yn beth rhamantus iawn i mi pan oeddwn yn hogyn. Cynhyrchai pawb swp o wair iddo'i hun i eistedd arno a dodid swp i'r ceffylau hefyd i'w fwyta, a datodid cenglau'r goler oddi wrth y 'strodur a thynnid y bit o'u cegau. Te a brechdan a jam a gaem y rhan amlaf a gorchwyl anodd ambell i dro fyddai cadw'r gwybed a'r cacwn o'r jam.

Ym Mhlas-y-Nant, byddai baril o gwrw ar gyfer y cynhaeaf ac ni fyddai prinder gweithwyr yn enwedig ar fin nos neu ar ddydd Sadwrn. Glastwr a gaem ni i'w yfed – tun chwart, un hanner o laeth enwyn a'r llall o ddŵr ac ychydig o flawd ceirch ynddo, oedd glastwr. Wedi ysgwyd y tun, fe yfai pawb o'r caead. Yr oedd y llaeth yn llawer mwy blasus cyn dyfodiad y *separator* ac ni fyddai'r

---

[33] Y frân – darn haearn gyda thyllau ynddo i allu codi neu ostwng gogwydd cist y drol neu wagen

glastwr byth yr un fath. Bwytaem hefyd lawer yn yr haf o'r hyn a elwid yn siot oer, sef bara ceirch wedi ei falu â malwr pren i'r pwrpas a llaeth enwyn am ei ben. Byddai Simon bach y pladurwr yn dweud ei fod yn ddiod ac yn fwyd.

Ar fferm f'ewyrth Twm byddent yn codi bron cyn dydd. Treuliais lawer o fy ngwyliau ysgol yno ond nid oeddwn yn codi fel y dynion hefo'r dydd; teimlwn er hyn y dyliwn fynd gyda hwy i lofft y stabl i gael awr o orffwys a chwsg ganol dydd. Sylwn fod pob un o'r dynion yn cysgu'n braf a rhai ohonynt yn chwyrnu a minnau'n methu cysgu o gwbl, ond yr oedd yn rhaid i mi fod yn hollol ddistaw rhag aflonyddu ar y seibiant, a'r canlyniad cyn hir, i mi wneud rhyw esgus a pheidio â pharhau hefo f'awr ganol dydd.

Wedi gorffen mydylu neu wneud hulogod, ar fin yr hwyr arferwn fynd i ben y bryn i weled pa waith a gwblhawyd yn y ffermydd cyfagos, oblegid fod tipyn o gystadleuaeth pwy fyddai'n cael y gwair gyntaf. Ystyrid fod cael y gwair i'w hulogod yn ddigon i honni fod y gwair yn ddiogel. Nid oedd eisiau ond ychydig o oriau sychion ac ychydig o awel i ni fedru cludo'r hulogod i mewn. Llwythid y gwair yn glenciau[34] ar y drol a byddai ambell

---

[34] Clenciau – Clencen o wair, darn fflat, fforchiaid (Saes. *truss of hay*)

i lwyth, yn enwedig llwyth olaf am y dydd, yn anferth o faint. Torrwyd ambell i goes picfforch wrth bitsio hulogod er cymaint gofal fy nhad wrth ddewis coesau picffyrch. Ni phrynai byth bicfforch na choes oni byddai'r graen yn glòs ac yn rhedeg o un pen i'r llall heb unrhyw gainc.

Wrth gario'r gwair o'r rhengau neu'r mydylau, byddai'r pitsiwr yn gweiddi "Tendia" ar y llwythwr, rhag i sydynrwydd y symudiad achosi iddo golli ei gytbwysedd a chwympo o ben y llwyth. Os byddai'r cae yn ymyl y tŷ, ni fyddem yn rhaffu ac arhosai'r llwythwr ar y llwyth gan fod hyn yn arbed amser. Er hynny, fwy nag unwaith fe welais lithro o'r llwyth a'r llwythwr gydag ef ar y ffordd i'r gadlas, a gorchwyl anodd iawn oedd codi'r llwyth yn ôl ar y drol.

Pan fyddem yn rhaffu, teflid y rhaff yn daclus i'r llwythwr a gofynnai yntau, "pa ben?" Yr oedd hyn yn dibynnu ar ogwydd y llwyth; a'r pitsiwr ar y llawr oedd yn y lle mwyaf manteisiol i ddweud "pen blaen chwith" neu "pen ôl de", er enghraifft. Dosberthid y rhaff gan y llwythwr a sicrhawyd pen dolennog y rhaff drwy ei roddi yn y bach ar y drol. Rhoddai'r llwythwr wedyn blwc, ar ôl gofalu nad oedd gormod o slac yn y rhaff. Cafodd perthynas i mi ddamwain angheuol trwy fethu gofalu am fyrhau'r slac, a syrthio'n sydyn o ben y llwyth.

Teflid pen olaf y rhaff i'r llwythwr i'w glymu â chwlwm ddolen ar ben y llwyth, ond os na byddai yn ddigon hir i gyrraedd rhoddid un tro arall am y bach a rhwymid hi hefo cwlwm ddolen yn y siafft neu'r siecffon.

Tra'n llwytho ar dir gwastad gadewid y ceffyl a'r tresi blaen arno wrth swp o wair. Yr oedd y tresi hyn yn drymach a chryfach na'r tresi troi – un strap ledr lydan o strapiau coler i ddolen dan gynffon a llain o strap lydan arall ar draws y cefn a'r tresi yn rhedeg un drwy bob pen iddi a thordres[35] hefyd, er mwyn cymryd mantais ar bwysau'r ceffyl pan fyddai angen ac i gadw'r tresi rhag codi'n rhy uchel. Yr oedd stent bren ar draws pen ôl y ceffyl i rwystro'r tresi rhag llusgo. O achos y stent y torrid cloren y ceffylau i fyrhau'r gynffon rhag iddi gyffwrdd y stent. Fe ddadleuai Ifan Ifans y Nant, fod torri cloren yn ymyrraeth â gwaith y Brenin Mawr, ac yn wir byddai rhai yn torri cymaint ar rawn y gynffon fel na byddai i'r ceffyl fawr ddim i'w amddiffyn rhag y gwybed.

Y llwythwr y rhan amlaf fyddai'n dadlwytho, a pheth gweddol hawdd oedd hynny pan oedd y cowlas yn isel, ond elai'r gwaith yn fwy anodd pan fyddai'n rhaid codi i ben y cowlas neu'r das. Byddai'n ofynnol cael rhywun i dderbyn y gwair

---

[35] Tordres – strap lledr dan fol y ceffyl; cengl

a'i yrru i'r cowlas pellaf i'r un fyddai'n gosod ac yn sathru'r gwair neu'r ŷd yno. Pan yn hogyn fe chwysais lawer wrth dderbyn oblegid byddai'r gwair yn dod yn fforcheidiau mawrion a byddai'n rhaid i mi ei glirio neu oddef gwawd y dadlwythwr a byddai'n dda gennyf lawer tro weled coed yr ofergarafanau yn dod i'r golwg.

Ar fferm f'ewyrth Twm, oherwydd fod y defaid yn aros yn hir ar y caeau cyn mynd i'r mynydd, byddai'r cynhaeaf yn fwy diweddar, a byddai cneifio yn cymryd cryn lawer o amser ac amryw o ffermwyr yn helpu ei gilydd. Ond os byddai'r tywydd yn weddol ffafriol, dechreuid ar y gwair rhos, ac i dorri hwnnw byddai'n rhaid cael pladuriau hynod o finiog.

Pan gefais gyfle un tro i gynnig torri ystod o wair rhos, dywedai fy ewyrth nad oeddwn wedi torri digon o wair i wneud nyth dryw. Ond yr oedd y rhai profiadol gyda phladuriaid yn medru codi tipyn o wair caled a fyddai'n gymorth i gadw'r defaid a'r gwartheg hesbion yn y gaeaf.

Y rhan amlaf, byddai wythnos neu ddwy rhwng y ddau gynhaeaf, y gwair a'r ŷd. Yn yr wythnosau hyn byddai cyfle i wneud gwaith y byddai'n rhaid ei roi o'r neilltu yn ystod prysurdeb y cynhaeaf – tocio gwrychoedd, codi ffosydd, glanhau a gwyngalchu'r beudai, iro olwynion y troliau, ac ar fferm f'ewyrth Twm byddent yn codi mawn. Yr oedd erfyn arbennig i ddorri'r mawn; math ar gyllell hir ddwy-onglog a charn hir ydoedd. Wedi torri'r mawn, gosodid hwy'n sypiau ar eu pennau, rhyw bump ohonynt, fel sypiau ŷd, i'w sychu. Ac ar ôl peth amser gwneid hwy yn deisi bychain twt ar y mynydd a chludid hwy bob yn dipyn at y tŷ mewn car llusg.

Byddai'n rhaid llio'r pladuriau drachefn a symud dwrn y llaw dde a'i osod o flaen y goes i ddorri ŷd, a chulhau'r lled ychydig rhwng pig y bladur a'r coes. Manteisid ar y cyfle i fynd â'r ŷd i'r felin i'w falu er mai ychydig o ŷd fyddai ar ôl yr adeg honno ar y flwyddyn. Yr oedd gennym ddwy drol, y drol fawr a'r drol fach. Twmbel oedd hon, nid oedd ond dau fach yn ei chysylltu â'r ffrâm ac ambell i dro fe godid y bocs i fyny a'i osod ar y mur yn rhydd oddi wrth yr olwynion a'r siafft. Gelwid trol felly yn ddrafft olwynion ac felly yr elid yn aml â'r ŷd i'r felin. Gelwid y drol arall yn drol gefyn am fod y bocs wedi ei sicrhau wrth y siafft yn sefydlog hefo gefynnau cryfion.

Ni thelid mewn arian i'r melinydd. Byddai'n codi toll iddo'i hun, ac er y byddai swm y blawd yn fwy wrth fynd adref, yr oedd y pwysau a ddychwelai i'r fferm yn llai, a byddai dowt ynghylch hyn ambell dro. Yr oedd y melinydd yn cadw nifer o fulod ac ar gefn y mulod y cludwyd llawer o'r ŷd a'r blawd i'r ffermydd oedd heb fod yn rhy bell.

Gorchwyl arall oedd pedoli. Os byddai'r cynhaeaf yn frwd, fe weithid y ceffylau hyd yn oed pe collent bedol, er mai peth drwg oedd hynny ar les y carn a byddai'r gof yn ddrwg ei dymer. Yr oeddwn yn falch iawn o gael mynd â cheffyl i'r efail. Yr oedd yn rhaid bod yn ofalus hefo'r ceffylau nad oeddynt wedi arfer hefo gweled moduron. Ychydig iawn o'r peiriannau hyn oedd i'w cael yn ystod dyddiau fy ieuenctid.

Samuel Jones oedd y gof, dyn bychan cydnerth, a chynorthwywyd ef gan ei fab Harri. Yr oeddynt bob amser yn llewys eu crysau a ffedog ledr o'u blaenau ac ni welais hwy erioed heb chwys mawr ar eu talcennau. Ar ddiwrnod gwlyb a rhwng dau gynhaeaf, gwelid yn aml gymaint â chwech neu saith o geffylau yn sefyll o gwmpas i gael eu pedoli, a byddai'r gofaint ambell dro yn ddrwg ei hwyl, yn enwedig hefo ni'r hogiau ifanc. Gafaelai â'i law chwith yn y corn eidion[36] ar ben coes y fegin fawr, a gweithiai'r fegin i fyny ac i lawr. Lawer tro, os byddai mewn hwyl dda, clywais ef yn canu hen ganeuon gwerin yn ei ddull ei hun, gan drin y marworion hefo procar a rhac bach ysgafn.

---

[36] Corn eidion – defnyddid y corn fel handlen ar gyfer y fegin

Y mae tinc yr einion ac arogl y carnau wrth eu ffitio yn fythgofiadwy. Erbyn hyn y mae'r efail wedi cau ac mae'r gofaint ym mynwent y Llan. Lawer tro, clywais yr hen of yn dweud, "hwyrach y bydd pobl yn meddwl mwy o'r hen Sam y gof wedi iddo fynd."

Yr haidd fyddai'r cyntaf i aeddfedu ac os byddai'r tywydd yn braf, byddem yn torri allan a gadael yr ystodau heb eu rhwymo nes torri'r cae i gyd. Byddai'r haidd yn dal ei ben yn dda ond colli wnâi'r ceirch os gadewid ef yn rhy hir heb ei dorri. Mewn rhai ffermydd, yn enwedig ar dir uchel, byddent yn torri'r ceirch pan ddeuai i'r cyflwr a elwid yn 'liw'r scythan' a rhoddid y ceirch ar ei wellt i'r anifeiliaid heb ei ddyrnu.

Byddai'r medelwyr wedi dod dros y clwy' pladur, ond yn awr roedd rhaid dioddef y clwy' gafra.[37] Y feddyginiaeth oedd dal ati er gwaetha'r poen a'r styffni. Plygid rhyw bump o wellt o'r goflaid o ŷd a ddelid o dan y gesail chwith, a'u rhoi o dan yr ysgub a gwneud cwlwm fel y byddai ei frig i'r un cyfeiriad â brig yr ysgub. Pwrpas hyn oedd gosod y cwlwm yn isaf o dan yr ysgub. Pwrpas hynny oedd gofalu bod y cwlwm yn cadw'n sych pe digwyddai iddi wlawio cyn sypio'r ŷd. Gwelais godi'r ŷd i gyd cyn nos ond erbyn y bore oherwydd gwynt a

---

[37] Gafra(u) – clymu ŷd yn ysgubau

glaw byddai'r rhan fwyaf o'r sypiau wedi chwalu a gwaith digon torcalonnus oedd eu hailgodi drachefn. Byddai rhai merched hefyd yn rhwymo ŷd, a dywedid am Beti Baines y medrai hi ganlyn y pladurwr.

Penderfynodd fy nhad gymryd cyfle ar y cyfaddasiad ar y peiriant torri gwair i'w ddefnyddio i dorri ŷd. Y peth angenrheidiol oedd symud y polyn ar y plât canol i'r ochr bella oddi wrth yr ŷd byw, a phrynu sedd a chribin gam i'r car coed pwrpasol, a weithid i fyny ac i lawr i benderfynu maint yr ysgub. Rhennid y cae yn rhyw bum rhan a phob rhwymwr i godi'r ysgubau, a'u rhwymo cyn i'r peiriant ddod heibio drachefn, a dilyn ymlaen wedyn i'r rhan nesaf a mynd felly o gwmpas yr ŷd nes gorffen ei dorri a'i rwymo'n daclus. Er mwyn cael digon o rwymwyr byddem yn ymuno â'r fferm agosaf atom.

Cyn addasu'r peiriant, yr oedd rhwymo'r ŷd i mi, y flwyddyn gyntaf y gadewais yr ysgol â'm dwylo'n feddal, yn waith pur galed, yn enwedig pan fyddai asgell[38] ymhlith yr ŷd. Bob blwyddyn am rai blynyddoedd roedd Gwyddel yn arfer dod i gynorthwyo hefo'r ŷd. Yr oedd ei ddwylo yn galed fel lledr a phan ddeuem at asgell byddai Larkin yn cymryd trugaredd arnaf a heblaw rhwymo ei ran

---

[38] Asgell – ysgall

ei hun byddai yn fy helpu hefo fy rhan i. Labrwr achlysurol oedd Larkin ac un hynod gydwybodol a gweithgar.

Simon bach oedd y pladurwr swyddogol ac ni chollodd yr un cynhaeaf nes y torrodd ei goes. Ambell dro byddai'n wyllt a drwg ei dymer. Byddai fy nhad yn arfer cadw dyletswydd bob bore, a chwynai Simon fod hyn yn wastraff ar amser yn ystod y cynhaeaf. Yr oedd yn hoff iawn o'i gwrw ac os torrai'r tywydd, gofynnai am ei gyflog gan roddi ei reswm, ei fod eisiau mynd at y doctor. Fe wyddai pawb mai'r ddiod oedd doctor Simon, ac un tro gofynnodd fy mam iddo pam oedd yn gwario'i bres i gyd heb gynilo a chadw un geiniog wrth ei gefn, a gofynnodd pa beth a wnâi wedi mynd yn hen. "Mynd ar y plwy'," oedd ateb parod Simon, "paham fod eisiau arbed plwyf gan fod plwyf?" Gwisgai gap pig, a strap am ei ganol, a strapiau ysgafn hefyd am ei goesau y tu uchaf i'w grothau i ddal ei drowsus i fyny rhag llusgo. Byddai ganddo farf yn mynd yn big o dan ei ên a smociai faco main a gedwai mewn blwch tun, a gedwai ym mhoced ei wasgod. Cysgai bob nos yn yr ysgubor, mewn gwellt neu wair os byddai peth i'w gael, ond byth mewn gwair newydd oherwydd y twymiad a'r chwain a fyddai ynddo – chwain gwair newydd. Ar ôl damwain, bu'n gloff hyd ei fedd. Ar ddiwrnod ffair gwelid ef yn eistedd ar y sedd ar ochr y stryd yn ymyl y Ship gan gnoi neu smocio'i faco main a byw ar y plwyf. Efallai bydd yn esmwythach ar Simon a Larkin nag ar lawer yn Nydd y Farn.

Gadewid yr ŷd yn ei sypiau ar y cae am naw neu ddeng niwrnod. Yna teflid rhes neu ddwy ar y tro i'r gwynt eu sychu a'u gwneud yn barod i'w cludo i'r helm neu'r das. Yr oedd gwneud tas yn dipyn o grefft. Wedi gwneud ffrâm a gwely o wellt neu redyn, trefnid yr ŷd yn swp ar y canol a brigau'r ysgubau i fyny a gweithio at yr ochrau, a gosod rhes wedyn yn nes i mewn i sicrhau ysgubau ar hyd yr ochrau a'r talcenni. Yr oedd cip yr ysgubau'n bwysig. Y cip oedd yr osgo a gymerai gwaelod yr ysgub wrth sefyll ar y cae. Yr oedd yn bwysig gosod yr ysgubau â'u cip i lawr er mwyn i'r glaw ddiferu drostynt i'r llawr. Yr oedd rhediad y das o'r canol at yr ymylon – digon o lanw yn y canol. Byddai rhai taswyr yn gosod yr ysgubau â'u cip i fyny o'r sylfaen i lefel y bargod ac yna newid i roi'r cip i lawr wrth droi pen y das. Arferid torri o ochr y das hefo haearn gwair a rhoddid digon o fargod wrth doi. Pan fyddai'r ŷd yn sych ac yn wyllt, tueddai'r ysgubau redeg allan yn enwedig ar y talcennau. Ambell i dro byddai'n rhaid defnyddio propiau ond gofelid rhag propio'n rhy gryf i achosi i'r das ogwyddo gormod i'r ochr arall erbyn y bore. Ambell i dro byddai'n rhaid gadael tas ar ei hanner am rai dyddiau, a'r pla mwya trafferthus oedd yr ieir, a grafent dyllau mawr ar ben y das cyn i neb godi, ac achosi iddynt wlychu ar dywydd gwlyb.

Ein dull ni o gludo'r cnwd o'r ffriddoedd oedd llusgo cared[39] y tu ôl i'r llwyth trol. Byddai hynny'n ysgafnhau peth ar waith y ceffyl siafft. Ym Mhlas-y-Nant defnyddient gar llusg i gludo'r ŷd at y wagenni, oedd yn rhai uchel ar eu cant[40] a hawdd eu dymchwel. Wrth ddod i lawr y ffordd, oedd yn dra serth, rhoddid clo ar yr olwynion ôl hefo linciau haearn cryfion at y pwrpas, a gosodid clocsen o dan un o'r olwynion ar yr ochr bellaf o'r ymyl, a byddai honno'n achosi sbarciau o dân wrth lithro dros rannau creigiog y ffordd.

Rwy'n cofio un llwyth anferth ei faint wedi cyrraedd i lawr yr allt at y lle yr arferid tynnu'r glocsen a datgloi'r olwynion ac aed ymlaen tua'r buarth. Hwn oedd y llwyth olaf ym Mhlas-y-Nant. Byddai fy nhad yn ein rhybuddio ni gartref yn aml am y llwyth olaf. Yn aml iawn byddai mwy o wair neu ŷd ar ôl at y llwyth olaf a chanlyniad hynny

---

[39] 'Carraid' yw term GPC, sef llwyth sy'n cael ei lusgo – car llusg yn cael ei dynnu tu ôl i drol a cheffyl
[40] Olwynion uchel ar eu cant – olwynion mawr; 'cantel' neu 'cantell' a geir yn GPC

oedd gorlwytho i arbed gorfod dod am lwyth arall.

Yr oedd ffos fechan yn rhedeg drwy'r buarth ac er nad oedd llawer o ddŵr ynddi yn yr haf, yr oedd ei gwely yno yn bant bychan y byddai'n rhaid mynd drosto i'r gadlas. Wrth fynd drosto yn rhy sydyn a throi tua'r gadlas, dymchwelodd y llwyth anferth yn ddirybudd. Y peth cyntaf oedd datfachu'r ceffyl o'r blaen drwy ddatfachu'r tresi oddi wrth y mwnci a gadael i'r tresi lithro'n ôl dros y crwper. I gael ceffyl y siafft yn rhydd byddai'r wagnar yn dal ei ben mor llonydd ag oedd yn bosibl i'w rwystro rhag ymlafnio. Datodwyd byclau'r 'strodur a thorrwyd strap y mwnci hefo cyllell a daeth y ceffyl yn rhydd ac ar ei draed yn ddianaf. Y peth mwyaf anodd oedd tynnu'r rhaff, heblaw'r llwytho drachefn i'r wagen arall.

Byddai'n rhaid mynd i odre'r mynydd i hel brwyn i doi'r teisi – byddai llwyth ar y car llusg yn ddigon i dwy das. Gwneid ysgubau bychain taclus o'r brwyn a sicrhawyd hwy yn dynn wrth ei gilydd hefo pegiau a chortyn coch. Ymddangosai'r teisi'n brydferth a thaclus ar ôl eu toi, a pharhaent felly hyd y diwrnod dyrnu.

Yr oedd diwrnod cael y cynhaeaf yn un hapus a chalonnog iawn i bawb a byddai rhai'n cymryd mantais ar yr amgylchiad i 'foddi'r cynhaeaf' y nos

Sadwrn ddilynol. Ond yr oedd y gorchwyl o godi tatws a thocio maip yn ein haros. Dechreuai'r dail newid eu lliw a deuai'r barrug yn arwydd fod y gaeaf yn ymyl. Er hynny, yr oedd i'r Hydref ei hudoliaeth ei hun. Yn y Gwanwyn treuliais lawer o amser yn gwylio'r gwenoliaid yn cludo'r clai yn bigeidiau o'r llyn bach lleidiog i wneud eu nythod o dan fondo llofft yr ŷd a'i leinio hefo plu a'r adar to yn gwneud eu gwaethaf i'w rhwystro. Erbyn hyn gwelid y gwenoliaid bach yn ymwthio un ar ôl y llall yn eu tro dros gwr y nyth i hedfan am y tro cyntaf ar draws y buarth i do'r tŷ corddi i gael eu hyfforddi a'u disgyblu ar gyfer y daith hir dros y môr. Y mae sŵn yr adar duon hefyd yn fy nghlustiau yn cecian o gwmpas tylluan yng nghwr y llwyn ar fin yr hwyr, a chyfarthiad llwynog a gwich cwningen ddiniwed dan effaith hudoliaeth greulon y wenci. Cofiaf am y swyn rhyfedd wrth gerdded drwy drwch o ddail ar ochrau'r ffyrdd wrth fynd i'r ysgol gan bigo nifer o goncars o dan goed parc y Plas.

Dyrnu

YR OEDD Y peiriant dyrnu yn ddau ddarn – y drwm a'r boilar – ac yr oeddynt yn drymion ac anhylaw. Jac Roberts oedd dyn yr injan a Dei Dafis yn ei gynorthwyo. Yr oedd yn ofynnol i gael diwrnod braf i ddyrnu. Byddai'r dynion wedi codi cyn dydd, i godi stêm yn y boilar. Byddai'r drwm a'r boilar wedi eu gosod y noson cynt. Yr oedd yn rhaid i'r ddau fod yn gydwastad, i sicrhau yn un peth fod y strap yn rhedeg yn esmwyth heb daflu; byddai hyn yn anhwylus ac yn beryglus. Cymerwyd cryn drafferth gyda'r jaciau a'r blociau i ofalu fod y peiriant i weithio'n esmwyth. Peth arall pwysig hefyd oedd tyndra'r strap. Wrth osod, y noson gynt byddai Jac Roberts yn rhoi marc i ddangos mor agos ag oedd yn bosibl pa le y dylai olwynion ôl y boilar fod. Wedi cael y boilar i'r marc hwn tynnid y strap gan roi un pen ar y pwli bach ar y drwm a'i thynnu'n ôl fel byddai, pan yn ei hyd, yn cyrraedd at hanner y *fly-wheel* ar ochr chwith y boilar. Ystyrid wrth wneud hyn y byddai'r strap yn ffitio'n esmwyth am yr olwyn fawr bore drannoeth heb golli dim amser. Ond os byddai eisiau tynhau neu lacio ychydig, gwneid hyn drwy gyfrwng y jaciau a'r scotsys, a'r trosol.

Arhosai'r ddau ddyn fyddai'n canlyn y peiriant dros nos a byddent yn codi cyn dydd. Wedi codi corn y boilar, dechreuid codi stêm, ac os byddai arwyddion y byddai'n ddiwrnod teg, cyn gynted ag y byddai'r stêm yn ddigon uchel, fe dynnid lefar y chwiban a byddai'r sŵn i'w glywed o un pen i'r dyffryn i'r llall i alw'r cymdogion, ac yn fuan iawn fe'u gwelid yn dyfod o wahanol gyfeiriadau drwy'r gwyll a'u picffyrch ar eu hysgwyddau. Yna pawb ei waith – rhai'n cludo'r gwellt, eraill ar y das a rhai'n cowlasu, rhai'n cario pynnau bob yn sachaid i fyny'r grisiau i lofft yr ŷd. Pan gyrhaeddais fy neng mlwydd oed, cefais y gwaith o gludo dŵr o'r pydew at y boilar ac yr oedd hyn yn golygu colli diwrnod o ysgol. Pan adewais yr ysgol, graddiais i gael bod ar y drwm i dorri rhwymynnod a gosod yr ysgubau'n hwylus i Dei Dafis eu gosod ar chwâl yn y drwm. Byddai Jac Roberts yn cymryd lle Dei am ysbeidiau byrion yn ystod y dydd. Yr oeddwn wrth fy modd yn sŵn mwmian y drwm ac yr oedd rhyw swyn rhyfedd i mi yn y modd y dosberthid yr had da a'r hadau gwael a'r chwyn i wahanol sianeli ar i'w derbyn i wahanol sachau.

Ar yr awr ginio, er na byddai byth yn parhau am awr, seinid chwiban fer a chyfeirid pawb i'r tŷ. Eisteddai'r rhai hynaf wrth y bwrdd bach a'r ieuengaf wrth y bwrdd mawr. Wedi cyhoeddi'r fendith gan fy nhad, rhoddai'r merched y bwyd ar y byrddau. Nid oedd dim gwahaniaeth rhwng neb. Cig ffres, tatws, moron a rwdins, a phwdin ar ôl. Ni fyddem yn cael cig ffres ar unrhyw ddiwrnod arall ond ar ambell i Sul – cig mochyn bron bob tro.

Byddai Jac Roberts a Dei Dafis yn fwytawyr cyflym a chyn pen ychydig o eiliadau byddai'r platiau wedi eu clirio o fwyd a gwae pwy bynnag fyddai ar ôl ar y bwrdd mawr. Nid wyf yn cofio amser cinio erioed yn parhau mwy na deg munud – yn aml gallai fod yn llai. Allan â nhw wedyn gan gipio eu capiau oddi ar y llawr, a phrin y byddai amser i gael mygyn neu i gyflawni galwadau natur na byddai murmur y drwm yn cychwyn unwaith eto a phawb yn prysuro at eu gwahanol orchwylion.

Os digwyddai cawod o law, byddai'n rhaid rhoi i fyny'r dyrnu a gorchuddio'r das gorau gellid, a chau'r drwm, a diogelu'r strap rhag gwlychu. Os byddai'r tywydd yn debyg o wella fel y gellid ailgychwyn, fe dreuliai'r hogiau yr amser yn ymaflyd codwm neu dynnu'r dorch ac am y gorau i godi pwn o haidd. Manteisiai Jac Roberts ar y cyfle i fynd o gwmpas ei drapiau tyrchod. Cofiaf amdano yn dyfod â thwrch[41] yn ei boced a rhoddodd ef yn y twb dŵr i ddangos i mi mor dda y gallai twrch nofio. Yr oedd y tyrchwr wedi methu denu'r twrch hwn i unrhyw fath ar drap a'r modd y daliodd ef oedd drwy suddo jar mawr i'r ddaear i lefel ei redegfa, ac aeth y twrch yn ddiarwybod a sydyn i mewn iddo gan fethu dringo allan.

Wedi gorffen dyrnu am y dydd fe dynnid y tân o'r boilar a gollyngid y dŵr allan. Y mae blas yr ager ar fy ngwefusau hyd heddiw. Yn gyffredinol byddai dwy wedd yn ddigon i symud i'r fferm nesaf, un wrth y drwm ac un wrth y boilar, ond gwelais gymaint â chwech o geffylau wrth bob un pan fyddai gallt hir a serth. Byddai Dei Dafis wrthi'n brysur hefo scotsys i roddi seibiant pan fyddai angen.

Y gamp fwyaf fyddai i gael y ceffylau i ailgychwyn hefo'i gilydd. Os dechreuai un roi plwc ac un arall blwc byddai'n arwydd trwbwl. Byddai'n rhaid tawelu i lawr drachefn, a chanmol y ceffylau ychydig drwy roi llaw ar eu gwariau. Cofiaf un digwyddiad felly ar allt y Plas un tro

---

[41] Twrch – twrch daear, neu wahadden i bobl y De

– allt serth ar ffordd gul. Elis y gwas hefo'n gwedd ni, Loffti yn y siafft a Comet o'i blaen a phedwar o geffylau yn rhes o'i flaen ef. Yr oedd un ceffyl wedi dechrau plicio, ond roedd Elis mor dawel ac yn feistr ar y sefyllfa a chanddo ymddiriedaeth hollol, yn enwedig yn Loffti. Ar ôl ychydig o dawelwch, dewisodd Elis ei foment i gyhoeddi ei orchymyn â hyder diysgog yn ei lais: "yn – ara – deg – bois – rŵan – Loffti, Comet." Yr oedd y ddau ar unwaith â'r dyn, a'r ceffyl blaen hefyd, a symudwyd ymlaen yn ddiogel i ben yr allt. Gosodid y ceffylau mwyaf profiadol a mwyaf dibynadwy yn y siafft ar amgylchiadau fel hyn, ac un ceffyl da ar y blaen.

Yng nghadlesydd rhai ffermydd nid oedd lle cyfleus i un ceffyl o flaen y llall i gael y drwm i'w le ond nid oedd hyn yn achosi problem hefo Loffti. Gwelid hi yn barod yn y siafft ac yn ymddangos fel pe bai'n ymwybodol o'i thasg, a phan ddeuai'r gorchymyn i symud byddai ei phenliniau a'i garrau yn plygu nes byddai ei thor bron ar y ddaear, ac yna, ymdrech ddirdynnol a symud ymlaen rhyw droedfedd a Jac Roberts yn scotsio. Gorchymyn arall i Loffti mewn ychydig, "E– T– O", a hynny hyd nes deuai'r drwm i'w le, a Loffti yn ymwybodol ei bod wedi rhoddi mwynhad, yn ysgwyd ychydig ar ei phen ac yn ysgwyd y bit â'i thafod.

Y Ffeiriau

BYDDAI PAWB, BRON ond yr hen a'r methedig, yn mynd i'r ffair unwaith yn y mis. I ni'r plant, y stondinau fyddai'r pethau mwyaf diddorol. Gellid cael bron popeth o stondin Evan Lloyd. Gwerthid celf o bob math ar un stondin a llestri ar un arall. Gwaeddai'r gwerthwr nerth ei ben â llais cryg, "Dim craciau, dim torri," gan daro'r llestri ar y bocs te. Byddai gan stondinwr arall ystôr o storïau i ddenu pobl a byddai tyrfa dda o'i gwmpas bob amser. Byddai ffair y gwartheg ar hyd y stryd o'r stesion a ffair y ceffylau o flaen y Ship, a'r ffair moch ar y sgwâr yng nghanol y dref. Perchyll tua deufis oed a werthid yno, fwyaf, mewn troliau ar y frân a rhwydi arnynt, ar gyfartaledd o ryw bum swllt yr un. Unwaith, pan wrthododd fy nhad werthu ei berchyll ef am bedwar swllt a naw ceiniog, gofynnais iddo pam oedd yn torri bargen am ryw geiniog neu ddwy. Ei ateb oedd, "Take care of the pence and the pounds will look after themselves."

Gwerthid dyniewaid[42] blwyddi am wyth neu naw punt a byddent wedi bwyta cryn lawer o flawd i fod yn addas i'r farchnad.

Trigai Thomas Humphreys ar fferm fechan ryw filltir o'r pentref. Gwisgai gap crwn bob amser a byddai'n pregethu'n achlysurol, er mai anaml iawn ar ddechrau'r ganrif y câi pregethwr cynorthwyol gyfle i ymarfer ei ddoniau. Rhoddai'r argraff bob amser ei fod yn ddyn bach gonest, egwyddorol a didwyll. Yr oedd ganddo un fuwch a dorrai dros y cloddiau a hynny'n aml ar y Sul, ac yr oedd unrhyw aflonyddwch ar y dydd hwnnw yn bechod mawr yng ngolwg Thomas Humphreys. Penderfynodd ei rhoi ar werth a bore Llun, cerddodd y gwas hi i'r ffair yn y dref. Mynegodd wrth y porthmyn y byddai ei feistr yn dod hefo'r trên, a phan ddaeth gofynnodd un iddo, "Faint am y fuwch?" "Dwn i ddim wir," oedd ateb Thomas Humphreys. "Ydi hi'n fuwch dda?" "Wel, nac ydi wir, yr hen fuwch waetha fu gen i erioed. Does dim clawdd a'i deil hi," oedd yr ateb gonest.

O dipyn i beth newidiodd y dull o brynu a daeth y Smithfield i fri. Er hynny, parhaodd y porthmyn i fynd o gwmpas y wlad i brynu. Yr oedd un a wisgai sbectol â gwydrau ychydig yn dew a phan

---

[42] Dyniewaid – bustych neu eidion ifainc

droid yr anifail allan iddo i'w weled, fe dynnai ei sbectol oddi ar ei lygaid bob amser. Deuai un arall cyfrwys iawn ambell i dro, gan gymryd arno mai swynogydd[43] yr oedd yn eu ceisio pryd mewn gwirionedd mai gwartheg llaeth oedd ei angen. O dipyn i beth daeth y ffermwr i ddibynnu mwy ar allu'r arwerthwr yn y Smithfield a lleihaodd nifer y porthmyn traddodiadol. Tueddent i ymgynnull ynghyd, weithiau mewn gwrthwynebiad ac weithiau mewn cynllwynwaith, yng nghloriannau haearn y Smithfield a'r arwerthwr gyda'i glep a'i ddigrifwch yn ceisio eu cadw mewn hwyl i brynu.

Yn yr Hydref gwelid gyrroedd o ddefaid ar y ffyrdd. Defaid o dros y mynydd oeddynt y rhan fwyaf a gyrrwyd hwy gan yrwyr proffesiynol a'u cŵn. Ar ôl cerdded yn hir byddai defaid yn dechrau blino a phori ar ochrau'r gwrychoedd a chwysai'r gyrwyr wrth chwifio eu siacedi yn un llaw a'u ffon yn y llall, a chrygai'r cŵn wrth gyfarth i geisio cael y gyr i symud ymlaen. Un o'r dulliau mwyaf effeithiol fyddai cael ci a elwid yn lediwr a'i waith fyddai arwain o flaen y defaid a'u cynnwys i'w ddilyn, ond nid pob ci ellid ei ddysgu i wneud y gorchwyl hwn.

---

[43] Swynogydd, myswynogydd - ffurf luosog ar 'swynog', 'myswynog', sef buwch ddiffrwyth, na chariodd lo

Byddai'r prynwyr ar ddiwrnod ffair mamogiaid yn brysur yn edrych ar ddannedd y defaid i wybod eu hoed, a byddai eu cynnig am gorlannaid o ddefaid yn is o dipyn na'r cyffredin os byddai dannedd y defaid yn rhy hir neu wedi eu colli.

Cynhelid ffair hadyd yn y Gwanwyn. Gosodid pwn neu ddau o hadyd, ceirch neu haidd, yn ymyl y drol ar y stryd fel y medrai'r prynwr redeg dyrnaid o'r hadyd drwy ei ddwylo i farnu ei ansawdd, ac un o'r pethau pwysicaf oedd edrych am arwyddion twymo yn yr ŷd, oblegid yr oedd hynny'n effeithio ar eginiad yr hedyn. Byddai hadyd o'r Alban i'w gael bob blwyddyn yn siop Trefor Ellis.

Ychydig o wenith a heuid yn ein hardal ni, ond cofiaf am hau gwenith mewn un cae da yn ystod y Rhyfel Cyntaf. Bu cynhaeaf gwlyb eithriadol ac yr oedd yr ŷd wedi gorwedd mor hir fel yr oedd yn tyfu'n las. Bu rhaid torri'r cwbl â phladuriau a charcharorion rhyfel yn ei rwymo. Er erfyn arnynt i beidio, mynnent wneud yr ysgubau yn rhy fawr, gyda'r canlyniad iddynt, ar ôl gwlychu trwodd, fethu sychu a safodd y sypiau fu allan am dros wyth wythnos, yn dynn yn ei gilydd. Bu'r cae gwenith, fel rhai o'r caeau eraill, yn golled y flwyddyn honno – y moch a fu fwyaf ar eu mantais.

Golygfa hardd a phoblogaidd bob amser fyddai ymddangosiad y stalwyni ar ffair arbennig.

Ymddangosai y meirch ar eu gorau wrth brancio allan o'u stablau a'r dynion a'u canlynai yn edrych yn fychain yn eu hymyl. Yr oedd eu pedolau yn llydan ac yn wastad, a gwnaent i'r stryd ddatseinio o danynt. Un tro yr oedd Morus y Swch wedi cael tropyn neu ddau yn ormod ac fel yr elai un stalwyn heibio, cyffyrddodd â'i dynewyn hefo'r ffon. Bwriodd y ceffyl gic a tharawodd het galed Morus oddi ar ei ben er dychryn i bawb, ond torrodd pawb i chwerthin wrth weld perchennog yr het yn ceisio dod o hyd iddi ymhlith y dorf.

Y Saer Gwlad

Y SAER OEDD un o'r dynion mwyaf adnabyddus yn yr ardal. Yr oedd Richard Thomas yn ddyn canol oed pan oeddwn yn hogyn, ac edrychwn ymlaen yn eiddgar am ei weled yn dyfod i'm cartref unwaith neu ddwy y flwyddyn, neu'n amlach, i wneuthur gwaith coed – trwsio, neu wneud rhywbeth newydd os oedd angen. Efe hefyd a wnâi eirch, ac a arolygai gynebryngau yn yr ardal. Cerddai i'm cartref gan gychwyn am bump o'r gloch y bore â'i fasged arfau ar ei ysgwydd, yn cynnwys bwyell a lli, morthwyl, cynion, ebillion a charn tro, dwy droedfedd, neddau a phlaen. Cerddai ar bob tywydd a byddai ganddo ei ddyletswyddau pan ddeuai'n ôl o'i waith fin nos. Oherwydd ei fod yn cyfarfod llawer o bobl, yr oedd ei sgwrs yn ddifyr, a synnwn ambell dro ar ei ddigrifwch, o ystyried mor galed oedd ei fywyd.

Yn ei ymddangosiad allanol, yr hyn a dynnai fy sylw fwyaf oedd ei fodiau mawr. Ar waith ei ddwylo y dibynnai ei fywoliaeth, a thystient yn amlwg am bwysigrwydd hanfodol eu rhan. Dim ond unwaith y gwelais ddarlun o'r saer ac yn hwnnw ei ddwylo a'i fodiau mawrion a dynnai sylw o flaen popeth ac ymddangosent fel clytiau plethedig o'i flaen.

Un diwrnod, safodd uwch fy mhen wrth fy ngweled wrthi'n frysiog a ffwdanus yn llifio pren, a dywedodd, "Fedri di ddim llifio'n hir fel yna. Rhaid iti gael rhythm, hyd yn oed wrth lifio pren". Gafaelodd yn y lli a dechreuodd lifio: '– un – dau – tri, un – dau – tri, un – dau – tri – pedwar – pump – chwech – saith'. Yna yn ôl i 'un – dau – tri'. Sylwn hefyd ei fod yn llacio'i afael yn y bylchau. "Gelli ddal i lifio drwy'r dydd fel yna," meddai.

Dywedodd beth arall difyr wrthyf. Byddai trigolion yr ardal o gwmpas y Plas, ar ddiwrnod tawel, yn gallu clywed sŵn y lli-bwll. Lli hir ydoedd hon, ac un dyn yr ochr isaf ac un arall uwch ben. Un yn tynnu ar i lawr a'r llall yn tynnu ar i fyny. Y traddodiad oedd y gellid dweud ar ba delerau y byddai'r dynion wedi eu cyflogi, pa un ai 'wrth – dydd', 'wrth – y – dydd', neu ynteu 'ar job – ar – job'. Gorchwyl gwir galed oedd llifio fel hyn, ond cyn hir daeth y lli gron, a gallai'r seiri gael ystyllod a chamogau wedi eu llifio'n barod ac yn llawer mwy didrafferth.

Yr oedd Richard Thomas yn wir grefftwr a

chymerai ofal mawr i wneud gwaith y gallai ymffrostio ynddo. Wrth osod edyn mewn both olwynion trol, gosodai ei stamp 'R.T.' ar ben pob aden a gwarantai y byddai pob aden yn ffitio mor berffaith fel y byddai yno'n gadarn a sych ar ôl y drol ei hun, ac yr oedd hynny'n ddigon gwir. Yn un o'i ddyddiaduron am y flwyddyn 1882, hyn oedd ei gownt am wneuthur trol:

Bothau	13 - 0
Edyn	1 - 4 - 0
Camogau	18 - 0
Bed Ecstro	4 - 0
Ecstro Haearn	1 - 4 - 0
Gwaelod crabiau	12 - 0
Ochrau	6 - 0
Carfanau	4 - 0
Byrddau a Standards	4 - 0
Crabiau blaen	2 - 0
Tincar	2 - 0
Standards	2 - 0
Shafft	7 - 0
Ystyllod	6 - 0
Paent	6 - 0
Enw	1 - 0
Gwaith	4 -10 - 0
Cyfanswm	£11 - 5 - 0

Dylid cofio y byddai gwneud y drol yn golygu gwneud y bothau a thrin y camogau heb ddim ond bwyell, neddau, cynion, carn tro ac ebillion a phlaen.

Yn 1879 ei enillion oedd tri swllt y dydd a'i bris am arch oedd tair punt.

Elid â'r olwynion i'r efail i gael eu cylchu a byddai'n rhaid gwneud trefniadau arbennig hefo'r gof. Llafnau haearn a elwid yn strociau a baratoid gan y gof i gylchu. Byddai'r gof yn eu poethi fel y gorweddent yn esmwyth ar y camogau a sicrheid hwy hefo hoelion arbennig, yr hyn a elwid yn hoelion stroc. Wedi oeri o'r haearn, byddai'r olwyn yn barod. Enghraifft dda oedd hyn o gydweithrediad rhwng y saer a'r gof. Os un cylch a ddefnyddid, rhoddid ef yn y tân er mwyn iddo chwyddo, yna ei osod am yr olwyn ac fel yr oerai'r cylch fe wasgai'n dynn am yr olwyn.

Ni chlywir mwyach sŵn y lli na siffrwd y siafins a diflannodd arogl y paent a'r *linseed oil* o weithdy'r saer. Ni chlywir chwaith chwythiadau'r fegin a sain yr einion yn yr efail a distawodd sŵn traed y meirch yn teithio yno. Diflannodd arogl y carnau llosg a'r haearn iasboeth wrth oeri yn nŵr y cafn. Y mae lleisiau'r seiri a'r gofaint wedi tewi.

Yr oedd y saer yn selog yn y capel yn enwedig yn yr Ysgol Sul. Efallai mai ef a David Phillips y crydd a fy nhad oedd y tri mwyaf meddylgar, ond ni ddewiswyd na fy nhad na'r saer yn flaenoriaid.

Efallai eu bod, er yn dal y rhan fwyaf o'u syniadau traddodiadol, ychydig o flaen eu hoes ac ambell dro ychydig yn rhy onest wrth fynegi eu syniadau. Siaradodd y saer fwy nag unwaith yn erbyn 'torri allan' o'r Seiat, gan bwysleisio mai ceisio'r ddafad a aeth ar goll oedd dyletswydd dilynwyr y Gwaredwr ac nid taflu allan o'r gorlan.

Yr oedd fy nhad ac yntau yn hyf iawn ar ei gilydd. Daeth y saer i'r capel un Sul â het fawr ddu gorun uchel am ei ben, a gofynnodd fy nhad iddo beth oedd wedi digwydd i'r ci. "Pam?" meddai'r saer mewn syndod, gan sythu ei ysgwyddau. "Dy weld ti'n cario'i genel ar dy ben," oedd yr atebiad chwareus.

Un tro, yn ystod trafodaeth rhyngddynt ar fater diwinyddol, gofynnodd fy nhad i'r saer paham yr arferai ofyn i'r Bod Mawr gofio am un peth neu'r llall. "Wel," meddai'r saer, "y mae Duw mor anhraethol o fawr a ninnau mor anhraethol o fach a dinod fel y byddai'n hawdd iawn iddo ollwng rhai pethau'n angof."

Bu farw Richard Thomas, ac yr oedd nifer luosog yn ei angladd. Digwyddodd yr un peth ag a ddigwyddodd bron bob amser mewn cynebryngau tebyg – dau ddechreuwr canu yn rhannu'r gynulleidfa wrth ganu 'Bydd myrdd o ryfeddodau'. Gadawodd ewyllys syml ar ei ôl. Ynddi mynegodd

na fyddai angen rhoi cofeb ar ei fedd, oherwydd
na fyddai ef yno. Ar y diwedd yr oedd y llinellau
hyn:

> O gariad Dwyfol na'm anghofi byth
> Fy lloches glyd i'm henaid wneud ei nyth
> Cyflwyno wnaf yr oll i Ti
> Fy offrwm llwm ar d'allor Ddwyfol Ri.

Ichabod[44]

WRTH EDRYCH YN ôl, sylwaf gyda chryn syndod y cyfnewidiadau a ddigwyddodd yn hanes yr ardal. Pan oeddwn yn hogyn yr oedd y Capel yn llawn at y drws o addolwyr cyson a phan ddeuai teulu newydd, anodd fyddai cael sedd iddynt. Mynychai llawer y Moddion ddwywaith neu dair bob Sul a byddai'r Ysgol Sul yn boblogaidd iawn.

Cynhelid Cyfarfodydd Gweddi hefyd ar ddechrau blwyddyn ac ar adeg Diolchgarwch am y cynhaeaf. Elai Thomas Ellis i deimlad dwys a'r dagrau yn treiglo i lawr ei ruddiau. Methai eraill gael eu geiriau allan gan achosi tawelwch am ychydig o eiliadau. Teimlwn y tawelwch yn llethol, yn enwedig pan welwn y plu yn het fy mam yn crynu. Mewn amgylchiadau fel hyn byddai un o'r brodyr yn sicr o dorri ar y distawrwydd a llacio'r amgylchedd drwy ddweud yn uchel, "Amen, Amen."

---

[44] Ichabod – 'Y gogoniant a ymadawodd' (Y Beibl: 1 Samuel 4:21-22)

Nid wyf yn cofio unrhyw ddigwyddiad cynhyrfus diwygiadol arbennig, ond cofiaf am ddau beth y bu llawer o sôn amdanynt. Ifan y Ddôl yn paratoi i aberthu ei gyfaill Nedw'r Bont, a si bod y diafol wedi hedfan drwy'r pentref un nos. Ond sicrhâi fy nhad ni mai colli ychydig yn eu pennau oedd y ddau lanc ifanc, ac esboniai Beti Baines mai rhywun oedd wedi aflonyddu ar geiliog ffesant ar ei glwyd oedd gwir achos ymweliad Satan.

Ni fyddai'r cyfarfodydd hyn yn hollol amddifad o hiwmor. Cafodd Thomas Evans, y Foel ddamwain hefo'i geffyl a'i drol. Dihangodd ef a'r ceffyl yn ddianaf, ond yr oedd y drol angen cryn lawer o drwsio. Ar ei weddi, diolchodd am ei waredigaeth:

"Diolch i ti Arglwydd Mawr am fy ngwaredu ac f'arbed i a'r hen geffyl. Dyn ac anifail a gedwi Di. Dwyt Ti ddim wedi addo cadw hen droliau."

Yr oedd capeli bach o fwy nag un enwad, ambell dro bron ar draws y ffordd i'w gilydd, ym mhob ardal. Yr oeddynt yn ganolfannau crefyddol, llenyddol a chymdeithasol mwyaf brwdfrydig. Erbyn heddiw y mae bron pob un wedi mynd o dan y morthwyl. Wrth fynd heibio i'r capeli bach hyn fe'm llanwyd â siom a hiraeth. Yr oedd y llwybr tuag atynt wedi tyfu'n las a thyfodd y mwsogl ar garreg y drws. O edrych drwy'r ffenestr, roedd yr hen Feibl yno o hyd, a'r pryf copyn wedi dechrau nyddu ei we o gwmpas y *clasp* – yr oedd llwydni wedi dechrau taenu ei fantell ar liain y pulpud a lleithdra yn dechrau meddiannu'r muriau. Yn fy synfyfyrdod daeth yr atgof am y pregethau a'r dwys weddïau, y darllen a'r holi a'r dagrau a chryndod het fy mam i'r cof. Diflanasai'r gynulleidfa ac ni adawyd yn y distawrwydd mud ddim ond atgof trwm am "y gogoniant a ymadawodd".

Bu chwyldroad mawr hefyd ym mywyd yr ardaloedd gwledig. Graddol ddiflannodd y crefftwyr, y saer coed a'r saer maen, y gof a'r crydd a'r teiliwr a'r melinydd a'r ffatrwr gwlân a'r pannwr. Eu gweithdai hwy oedd prifysgolion yr ardaloedd, a chyda'u diflaniad, daeth newid di-droi'n-ôl i bentrefi'n gwlad.

Hefyd o'r Lolfa:

£9.99

£9.99

£19.99
(cc)

£7.95